[新概念阅读书坊]

做最出色的自己

ZUO ZUI CHUSE DE ZIJI

主编◎崔钟雷

吉林美术出版社

图书在版编目（CIP）数据

做最出色的自己 / 崔钟雷主编 . —长春：吉林美术出版社，2011.1（2023.6重印）
（新概念阅读书坊）
ISBN 978-7-5386-5035-8

Ⅰ．①做… Ⅱ．①崔… Ⅲ．①成功心理学–青少年读物 Ⅳ．① B848.4-8

中国版本图书馆 CIP 数据核字（2010）第 255519 号

做最出色的自己
ZUO ZUI CHUSE DE ZIJI

出 版 人	华　鹏
策　　划	钟　雷
主　　编	崔钟雷
副 主 编	刘　超　那兰兰
责任编辑	栾　云
开　　本	700mm×1000mm　1/16
印　　张	10
字　　数	120 千字
版　　次	2011 年 1 月第 1 版
印　　次	2023 年 6 月第 4 次印刷
出版发行	吉林美术出版社
地　　址	长春市净月开发区福祉大路 5788 号
	邮编：130118
网　　址	www.jlmspress.com
印　　刷	北京一鑫印务有限责任公司
书　　号	ISBN 978-7-5386-5035-8
定　　价	39.80 元

版权所有　侵权必究

前言 *Foreword*

　　阅读是一段开启心智的历程，阅读是一种与书籍对话的方式，阅读是一盏点亮灵魂的明灯！人们常说"开卷有益"，只要认真去阅读，用心去体会；就会从书籍中获取丰富的知识，获得源源不绝的力量！

　　为了开阔您的阅读视野，我们精心编纂了本套"新概念阅读书坊"系列丛书。阅读是一种自我充实的过程，读什么和怎样读都显得颇为重要，而我们的意旨在于为您提供一种全新阅读方式的可能！

　　本套丛书内容涵盖面广，设计新颖独到，优美的文章，精致的图片以及全新的阅读理念，必将呈现给您一场独特的阅读盛宴，愿您在享受这段新奇的阅读历程时，也会将之视为开启您阅读之门的钥匙，走进阅读的美好世界……

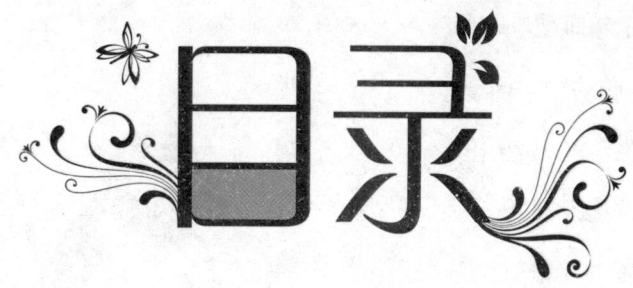

目录

第一章 有爱的人生

你也能写一本书 ·············· 2

80 层楼 ·············· 4

偶尔可以牵着蜗牛散步 ·············· 6

人生的简历表 ·············· 8

握手 ·············· 12

见到美，请行个礼 ·············· 14

人格的见证 ·············· 17

咖啡加奶精 ·············· 20

永远不晚 ·············· 22

一夜解开千年难题 …………… 24
笨小孩 ……………………… 26
有爱的人生 ………………… 29
夏天，我重新发现 …………… 31
种一株快乐的兰花于我心 …… 34
不变的善良 ………………… 36
我看到了一条河 …………… 38
每天都有高兴的事 …………… 41
聆听世界 …………………… 44
晴朗的心可以牧马 …………… 46

"自杀崖"上的50年微笑 ……… 48
面对两难选择 ………………… 51
如花的心情 ………………… 53
梦想瓶子 …………………… 55
无人看见的鞠躬 ……………… 57

第二章　悠然下山去

悠然下山去 ………………… 60
同一道题 …………………… 62
游隼搏鸽与老兔蹬鹰 ………… 65
一生只为真理
——近代兵坛泰斗蒋百里 …… 67

杨利伟：一个人和一个民族
的梦想 …………………… 72
工作90年的员工 …………… 78
生活还是毁灭由你选择 ……… 83
拐弯处的发现 ……………… 86
重要的心境 ………………… 88
吹散尴尬的阴云 …………… 90
暗示的力量 ………………… 92
人生如打牌 ………………… 94
飞吧，小猪 ………………… 96

自己的位置 ………………………… 100
自信是动力之源 …………………… 103
大器之材 …………………………… 105
明确的目标是成功的起点 ………… 107
角度 ………………………………… 108
备份人生 …………………………… 111

第三章　可贵的知难而退

午茶喝出诺贝尔奖 ………… 114
迟到是一种病 ……………… 117
本色 ………………………… 120
扮演成功 …………………… 122

3

做好一件事 …………………… 125

可贵的知难而退 ……………… 127

推太阳下山 …………………… 129

输赢的距离 …………………… 131

让别人开口说"是" …………… 133

信赖 …………………………… 135

勇于信任 ……………………… 137

习惯塑造人生 ………………… 141

发现视线之外的自己 ………… 143

不必苛求完美 ………………… 145

帮人就是救你自己……………………… 147

只做自己认为美丽的事………………… 150

第一章 Chapter 1

有爱的人生

在喧嚣中也能沉下心来，不被浮华迷惑，专心致志积聚力量，并抓住恰当的机会反弹向上，毫无疑问，我们就能成功登陆！

你也能写一本书

园 达

教育系本科班的学生要毕业了。

离校前夕,教授给同学们讲了这样一个故事:

国外有一家出版公司要出版一本超级畅销书。为了让这本书一炮打响,他们请来策划专家出谋划策。专家出了这样一个主意:出一本书,书的名字就叫《你也能写一本书》。这本书除了封面、扉页之外,里面既不印字,也不印图,全是白纸。凡是购书者只要把自己想写的话写在上面,然后寄回公司,公司将会派专人认真审阅,并从中选出几部最佳作品出版。

此举一出,举国轰动。几十万册"书"很快销售一空,为公司赢得了丰厚的利润。

记者采访专家为什么会有这样出奇制胜的创意,专家微笑着说:"只有不把书当书卖才能卖得比书更好。"

"那你把这本书当什么卖呢?"

"我把它当本子卖。"

讲完故事,教授让大家各抒己见。绝大多数同学都赞叹商务专家

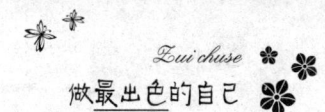

超凡脱俗的想象力,他出奇制胜的怪招令人不得不叹为观止!

只有一个大学生说:"我觉得这是一则关于教育的寓言:教师只有放下僵化的书本,变成一个能够让学生充分发挥自己想象力和创造力的本子,让学生自己去写,而不是强行灌输,才能充分调动学生的积极性,才能担负起教书育人的神圣使命!"教授颔首微笑。这一课,从此成为大家大学时代最难忘的一堂课。

我要对你说

现在的教育更加倾向于能力的培养,素质的提高,过去的死记硬背,已不再适应当前时代的需要,因而应当让思维活跃起来,使人不拘泥于书本上的知识,获得独立发展的能力,这样才称得上是真正的教育。

80层楼

郑 悦

有一对兄弟，他们的家住在80层楼上。有一天，他们出去爬山，回家的时候，却发现大楼停电了！虽然他们背着一大包行李，但看来没什么别的选择，哥哥便对弟弟说："我们爬楼梯上去吧！"

爬到20楼的时候，哥哥说："包太重了！这样吧，我们把它放在这里，等来电了再坐电梯下来拿。"于是他们就把包放在20楼，继续往上爬。卸下沉重的包袱，轻松多了。

但好景不长，到了40楼，两人还是感到累了。想到只爬了一半，两人便开始互相抱怨，指责对方不注意停电公告，才会落得如此下场。

他们边吵边爬，一路到了60楼，累得连吵架的力气都没有了，哥哥对弟弟说："不要吵了，爬完吧！"终于，80楼到了！到了家门口，哥俩才发现他们把钥匙留在20楼的包里了……

有人说，这个故事其实在反映我们的人生。

20岁之前，我们活在家人、老师的期望之下，背负着很多的压力、包袱，自己也不够成熟，能力有限，因此步履难免不稳。

20岁之后，摆脱了压力，卸下包袱，开始全力追求自己的梦想，就这样过了愉快的20年。

可到了 40 岁,发现青春已逝,不免有许多的遗憾,于是开始遗憾这个,惋惜那个;抱怨这个,痛恨那个……就这样在抱怨和遗憾中度过了 20 年。

到了 60 岁,发现人生已所剩无几,于是告诉自己,不要再抱怨了,珍惜剩下的日子吧!于是默默地走完自己的余年。到了生命的尽头,才想起自己好像有什么事还没完成……

原来,我们的梦还留在 20 岁,还没有来得及完成……

人生最大的悲哀莫过于:暮年时,才发现年轻时的梦想有好多还没实现……但你已追悔莫及,真是时不我待呀!所以,我们还是趁年轻,多努力,多吃苦,不要给人生留下遗憾。

偶尔可以牵着蜗牛散步

章晴雨

有个人讲了一个笑话：上帝给我一个任务，叫我牵一只蜗牛去散步。我不能走得太快，蜗牛已经尽力爬了，每次总是挪那么一点点。我催它，我唬它，我责备它，蜗牛用抱歉的眼光看着我，仿佛说："人家已经尽了全力！"我拉它，我扯它，我甚至想踢它，蜗牛受了伤，它流着汗喘着气往前爬。真奇怪，为什么上帝叫我牵一只蜗牛散步？"上帝啊！为什么？"天上一片安静。好吧！松手吧！反正上帝不管了，我还管什么？任蜗牛往前爬，我在后面生闷气。咦？我闻到花香，原来这边有个花园。我感到微风吹来，原来夜里的风这样温柔。慢着！我听到鸟声，我听到虫鸣，我看到满天明亮的星斗。咦？以前怎么没有这些体会？我忽然醒悟，莫非是我弄错了！原来上帝是叫蜗牛牵我去散步。

你找到你的蜗牛了吗？偶尔出去散散步吧！

停的时候，是为了欣赏人生，在欧洲阿尔卑斯山中，一条风景很美的大道上挂着一条标语，写着："慢慢走，请注意欣赏！"

有个歌手，曾经说了一些很让人感慨的话。他说："当我年轻的时候，急急往山顶上爬，就像参加赛跑的马，戴着眼罩拼命往前跑，除了终点的白线之外，什么都看不见。我的祖

母看见我这样忙，很担心地说：'孩子，别走得太快，否则，你会错过路上的好风景！'

"我根本不听她的话，心想：一个人，既然知道要怎么走，为什么还要停下来浪费时间呢？

"我继续往前跑，一年年过去了，我有了地位，也有了名誉和财富，还有一个我深爱的家庭。可是，我并不像别人那样快乐，我不明白我做错了什么。"

这位歌手继续说："有一次，一个歌舞团在城外表演，我是主角，表演完了，观众的掌声久久不停。这一次表演很成功，我们都很高兴。可是这时候有人递给我一份电报，是我妻子发来的，因为我们的第四个孩子出生了。突然，我觉得很难过，每一个孩子的出生，我都不在家，我的妻子独自承担着养育孩子的辛苦。

"我从来没看过孩子们走第一步的样子，他们天真的哭、笑，我都没听过，只有从母亲那里，得到间接的描述。"

我要对你说

生命不是匆匆而过的征程，不是追逐利益的舞台，而是我们真心感悟人生的过程。牵着蜗牛散步，其实就是放慢我们前进的脚步，细心关注并学会欣赏人生，才有坚定我们对于希望的信念，发现生命中真正美丽的东西。

人生的简历表

潘　炫

那一年，我18岁，只因一件极小的事而一时头脑发热，决定走出家门去闯闯。

说起来我也没有错，无非是爱读一些汪国真的诗，也爱信手涂鸦几句，而这一切都被父亲视为大逆不道。父亲是一个脾气暴躁、粗鲁而思想传统的农民。在父亲几次声色俱厉的训斥下，我终于怒不可遏地反抗起来，结果我毫不犹豫地离家出走了。

我选择了去北京。在我看来，北京的空气中都飘着诱人的文化气

息。不料想事与愿违，抵京后我才知道，我的这种选择是多么的不明智，我首先要面对的是生存问题。

为了能生存下去，更为了有朝一日能出人头地，我先在苹果园地铁站附近找了一份工作，在建筑工地上当小工。我每天顶着烈日，汗如雨下地重复着搬砖、翻沙、和灰的单调工作，为了那个在父亲眼中一文不值的文学梦我忍辱偷生。每天傍晚收工之后，我都蜷在闷热的民工房里，啃着馒头咀嚼着有血有肉的文字。有几个四川人时不时地戏弄我，也没有改变我对文学的虔诚与痴迷。

也许是我一如既往、持之以恒的精神感染了别人，有一天，平时也拿我找乐子的工头告诉我，一家小报社招聘印刷工人。当印刷工人待遇虽然不高，但总比窝在工地上强，况且，与那些飘着墨香的文字朝夕相处正是我求之不得的。于是我没有多想，第二天就请了假，激动不已地准备去应聘。我特意洗了个头，换上那件平时舍不得穿的格子上衣。

没想到等我几经周折走进那家报社的大门时，我顿时感到无地自容，心灰意冷了。我面前的应聘者都穿着清一色的白衬衣，打着领带，唯独我像一只丑小鸭，寒酸至极。

我正打算逃之夭夭，一位主考官把我们召集起来，准备面试。我就这样赶鸭子上架，心如鹿撞地进了一个副主编的办公室。

看见我的那一刻，那位副主编显然也是始料不及，他惊愕的眼神让我一下子不知所措。

他随后拿起一张表，让我先当着他的面填好。我忐忑不安地坐下来浏览简历表，我的头顿时"嗡"的一声蒙了，那表格中有关大学名称、发表作品情况的内容，轻易地击碎了我心中的一切梦想。我操着蹩脚的普通话，嗫嚅地问："招印刷工人还需要大学文凭和作品吗？"那位副主编先是一愣，继而温和地说："你可能搞错了，我们这里招聘的是记者和编辑。"

我一时语塞，如坐针毡。当时我能想到的唯一做法就是夺门而去。可我没有，我告诉他，我喜欢文学，正因为如此，我才离家出走以期望

在文学上有所发展。我支支吾吾地讲了一刻钟,他很耐心地听完,接着从抽屉里拿出另外一张简历表,说:"你如果愿意做一名印刷工人,我今天就破例聘用你,可你知道是为什么吗?"我摇摇头。"那是因为你对文学的痴迷打动了我。我可以留用你,可我相信,你进了印刷厂以后就很难在文学上有太大的发展,因为你学习文化的大好时光将会被那些无情无义的机器消磨殆尽。"

我低下头,心想,现在我应该坐在教室里过着紧张而又有意义的高三生活,可我却如此执迷不悟,我远离校门也许与我想在文学上有所成就的初衷相抵触。正在我犹豫不决的时候,那位副主编又说:"你可以带上这张表格回去想想,读书还是当工人,填还是不填。"

我郁郁寡欢地揣着那张简历表回到了工地。见我一副失魂落魄、恍恍惚惚的样子,工头和几个四川人幸灾乐祸的嘲弄神色也断然收住。他们肯定以为那个开过了头的玩笑对我打击太大了,我才沮丧得不说一句话。

我没有理睬他们,那一夜我想了很多。那张特别的简历表一直放在我的胸口,让我眼潮心热。因为我从那上面看到了父亲与工地民工所不曾给我的理解与尊重,也看到了我狭隘的心灵不曾解读的人生与梦想。

第二天,我义无反顾地坐上了返乡的列车。10 年后的今天,当我在文学上有所建树并且成为一家报社的编辑时,那张简历表仍摊在我的

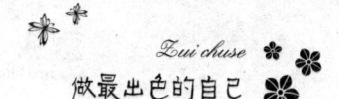

心头。我念念不忘的不是今天的成就,而是当年我迷失时从它上面感受到的那份入肌切肤的温情。我终于知道,人生有很多转折点,关键处却只有几步,选择坚持与放弃绝对是迥然不同的天地。

我将一直保存那张简历表,并将它视为我一生的珍藏。也许在许多人眼中,它真的不算什么,但它却是我人生的第一张简历表,它与我的一生息息相关。

我要对你说

人生是一趟单程列车,上错了车、走错了路就无法回头重来。有时,我们急于寻找梦想,却搭错了列车,从而驶向了与梦想相反的方向。慎重选择,谨慎行事,才能让人生的简历表丰富多彩。

握 手

吴所谓

玛丽·凯化妆品公司的徽标上两个字母 P 和 L 的含义,是盈与亏(profitand loss),两者就像昼与夜一样主宰着这个世界。弄不好,就会与 L（亏）握手;把握得当,就会与 P（盈）拥抱。玛丽·凯对这两个字母做出了另一番解释:它们也意味着人与爱（People and love）,若以这种方式与人打交道,自然会受到盈利的青睐。

爱是一个很宽泛的词,并不好把握。玛丽是从金律（你们愿意别人怎样对待你,你们也应该那样去对待别人）入手的。这其实就把握住了爱的本质,爱说到底是一种体验。你只有体验过爱,才知道什么是爱。当然,你体验过不爱,也能知道什么是爱。

玛丽发达之前,是一名推销员。有一次,销售经理召集他们开会,经理在会上发表了非常鼓舞人心的话。会议结束时,大家都希望同经理握握手。玛丽排队等了 3 个小时,终于轮到她与经理见面。经理在同她握手时,甚至连瞧都不瞧她一眼。经理用眼去瞅她身后的队伍还有多长。经理甚至没意识到他是在与谁握手。善良的玛丽理解他一定很累。可是,自己也等了 3 个小时,同样很累呀！自尊心受到伤害的玛丽暗下决心:如果有那么一天,有人排队等着同自己握手,自己将把注意力

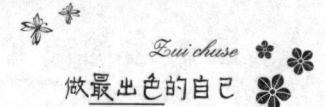

全都集中在站在面前同自己握手的人士身上——不管自己多累!

正是凭着这样的决心,玛丽虽是化妆品行业的门外汉,但她不断去握化妆品专家的手,去握广大美容顾问的手,终于创建了玛丽·凯化妆品公司,在世界上声誉鹊起。玛丽也就赢得了她心中那种握手的机会。

她多次站在队伍的尽头同数百人握手,常常持续好几个小时。无论多累,她总是牢记当年自己排那么长的队等候同那位销售经理握手时所受到的冷遇,总是公正地对待每一个人。如有可能,总是设法同对方说点亲热话。也许只同对方说一句话,如"我喜欢你的发型",或"你穿的衣服多好看哪",等等。她在同每一个人握手时,总是全神贯注,不允许任何事情分散了自己的注意力。

这样的握手,会使数百人都觉得自己是世界上最重要的人。根据金律,数百个重要的东西也会反馈给玛丽,她的公司就这样成为全世界重要的公司之一。

当形式大于内容时,两者变得都不重要;当内容重于形式时,两者相得益彰。请大家用心去充实内容吧!

见到美,请行个礼

老玉米

中国围棋的领军人物常昊当年在中日围棋擂台赛上崭露头角,以其优雅的举止和稳健的棋风赢得了围棋迷的喜爱,就连他的对手武宫正树在赛后都向赢了自己的常昊深深鞠了一躬。在赛后的新闻发布会上,记者特别问到了这个鞠躬的含义,武宫正树说:"见到美,是要行礼的……"

小泽征尔在指挥瞎子阿炳的《二泉映月》时,眼里闪烁着晶莹的泪花。他一定是感受到了阿炳的心灵,想象着阿炳如何孤独地面对着泉水拉琴,他完全洞悉了一个在黑暗中流浪的凄苦的音乐家的内心感叹。

小泽征尔的眼泪,是对阿炳和他凄凉柔美音乐的一种敬礼。

伊拉克战争期间，我在报纸上看到了一幅拍摄于战火纷飞的伊拉克的照片。照片上一位美丽的新娘正在婚纱店试穿婚纱，而她身后则是战争留下的满目疮痍，与之形成了强烈的反差。而更让人心生感动的是图片底下那段文字说明所交待的背景：新娘刚刚布置好的新房被炸掉了，所有人都以为她会推迟婚礼，但她没有，她说炮火不会阻挡她的爱情。当时城里的美军在到处搜索伊拉克的武装分子，每个人都高度紧张，但看到了婚纱店里美丽

的新娘，那些荷枪实弹的美国士兵纷纷放下了手中的武器，有的干脆坐在地上，或嚼着口香糖，或吸着雪茄，兴致勃勃地欣赏了起来。

战争没有让美消亡，那些士兵对她的品头论足，是另一种方式的敬礼。

美有着不可战胜的力量，古希腊有一个关于美的著名的例子：

芙丽涅是当时雅典最美的女人，在祭祀海神的节日里，借洗礼仪式之名，面对着祭神的人们，她裸体从海水中跳将出来，因此她以渎神罪被法庭传讯。富有戏剧性的是，在审判时，辩护律师希佩里德斯让被告在众目睽睽之下揭开衣服裸露躯体，并对在场的501位市民陪审团成员说：难道能让这样美的躯体消失吗？最后，法庭终于宣判被告无罪。19世纪法国画家热罗姆还以此为题材画了一幅油画《法庭上的芙丽涅》。画中的芙丽涅处于中心位置，刚被掀开衣裳的一刹那，她以臂遮脸。芙丽涅的通体红色在辩护律师蓝色外套的衬托下显得格外鲜艳，后景和中间幽暗部分的处理把女主角凸显了出来。她显得异常纯洁、妩媚、完美无瑕。她的姿势是典型的希腊式，微微扭动的身子，使曲线的韵律更加

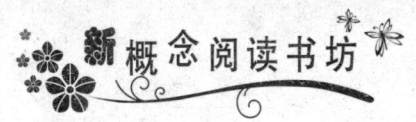

丰富。由于当众裸露，她下意识遮掩的动作使感情得到了升华。芙丽涅的表情楚楚可怜，且有几分羞涩，显得格外娇媚动人。站在一旁的辩护律师的姿势和表情异常严肃、坚定，美的高尚和不可亵渎的意志均在他的姿势、表情中得到了体现……

我们徜徉原野，贪婪地嗅着花香，那份陶醉就是在向花朵行礼；我们仰望天空，借月亮的银辉思念远方的人，那份虔诚就是在向月亮行礼；我们驻足阳台，用柔软的云的手帕来慰藉在尘世奔波劳碌的心，那份宁静就是在向云朵行礼……

红尘中的人，发现美已属不易，为美行礼的人更是寥寥无几。就像油画《法庭上的芙丽涅》中所绘的那样：在看到芙丽涅美妙的身体时，众法官的脸上除了怜悯和领悟之外，还有贪婪、呆滞的目光以及失措的表情，这充分显示了在美的面前的人生诸相以及人性的复杂与矛盾。

所以，如果你见到了美，请不要忘了行礼。

 我要对你说

清晨的第一缕阳光，青草上最后一滴露珠，美在生活中无处不在。美从来都是真实而纯净的，不会为个人出身、身体残缺或者丑陋世俗而掺入杂质。美值得每个人去尊重。

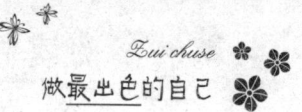

人格的见证

明 白

唐纳德·布伦出生在美国乡村的一个贫民家庭，由于母亲早逝，父亲残疾，为了生活，他总要不时地"光顾"邻居们的鸡圈与羊栏，因此深受乡亲们的厌恶。从小喜欢偷鸡摸狗的唐纳德·布伦长大后依然恶习难改，后来因抢劫银行而进了牢房。

走出牢房的唐纳德·布伦很后悔自己的行为，他想重新做人，做一个对乡亲们有用的人，他觉得他很有必要将自己的想法告诉乡亲们。于是他决定回村，以自己的行动去赢得乡亲们的信任。唐纳德·布伦回到村里的时候，正好是晚上，他猜想乡亲们此时都已睡着了，于是决定先回自己家看看，他不知道自己的残疾父亲是否还好好地活着。就在这时，村子里有一户人家的屋里突然燃起了大火，唐纳德·布伦来不及回家看父亲了，他不顾一切地冲进了那家起火的房子。直到将大火扑灭，村里人都赶来了，他才回家去看望自己的父亲。

唐纳德·布伦很想向父亲表明自己对以后人生的态度，可是他从父亲冷漠的眼神里看到了父亲对自己的不信任。无

可奈何的他只得选择离开。可是，更让他不理解的是，一夜之间有关他的流言竟传遍了整个村子。村子里的人没有一个人相信他会改过自新，甚至怀疑大火就是他放的。

　　唐纳德·布伦悄悄地从人群聚集的地方绕过去，无比伤心的他决定离开这个生养了他又抛弃了他的地方。突然，他听到了一棵大树下几个孩子的吵闹声。孩子们正在激烈地争论着，他仔细听了才知道是在议论他。孩子们狠狠地说："唐纳德·布伦是一个大坏蛋，等我们长大了，谁也不要像唐纳德·布伦那样。"听到孩子们也跟大人们一样误解他，唐纳德·布伦的心都碎了。他几次想站出来跟孩子们解释事情并不是他们想象的那样，他以前虽然偷过东西还因犯罪进过牢房，可是他现在已经改邪归正了，并且昨晚的大火根本不是他放的，而是他扑灭的，尽管那对失火的夫妇也昧着良心在说他的坏话。最终，他没有站出来，他觉得既然全村人都不理解他，跟几个小孩子又怎么说得清楚呢？他甚至狠狠地想：如果再这样逼他，他真的会一把火将整个村子给烧了！

就在这时，唐纳德·布伦听到了一个清脆而响亮的声音："唐纳德·布伦叔叔不是坏人，我长大了就要学他那样，做一个勇敢而善良的人，因为他救了我！"唐纳德·布伦看见，那是一个小男孩，没错，昨晚就是他救了那个小男孩。尽管那个小男孩的话很快被其他孩子们的声音淹没了，但唐纳德·布伦的眼里还是莫名地流出了两滴眼泪。终于有人相信他了，哪怕那只是一个孩子！也正是那个小男孩的话让唐纳德·布伦决定要做一个勇敢而善良的人。后来，唐纳德·布伦做房地产生意发家了，他成了一位有名的慈善家。

正如一个人做了坏事给其量刑时需要证人一样，人格也是需要有人见证的，哪怕只是一个孩子，见证人格的力量也是无穷的。

每个人的人格都有其充满魅力的一面，不要轻易贬低别人的人格，人格中所蕴含的力量是难以估计的。所以，看到一个人人格的闪光点并予以赞许，或许不经意间就能拯救一个灵魂。

咖啡加奶精

刘 墉

记得我在美国教书的时候,有一天,一个台北来的助教哭丧着脸跑来找我,说她受了教授的气。

"那教授早上对我说:'倒杯咖啡,加奶精。'我就去帮他倒,但是加完奶精,想到每天看他自己弄咖啡时也加糖,所以又帮他加了一包糖。可是当我端给教授,他尝了一口,居然板着脸问我为什么加糖。我说:'您不是都加糖吗?'他就冒起火来,说他没要我加糖,只说加奶精,他因为血糖太高,不能吃糖了。"那助教一边说一边掉下眼泪,"我是好心给他加,没想到好心没好报,下次再也不好心了!"

我问:"下次你怎么做呢?"

"他要加奶精,我就只加奶精,决不会多此一举。"她恨恨地说。

我拍拍她:"你是学到了在西方世界处世的方法,但是没学到处世的艺术。"

"处世的艺术?"助教看我。

"对!如果你懂得处世艺术,就照他说的,只给他加奶精,但是另外,你可以附一包糖和一根搅拌棒在旁边。"我说。

转眼十几年过去。

有一天遇到那个助教,她已经结婚,而且当上银行的主管,居然还记得那杯咖啡的事。一见面就对我笑道:"谢谢您当年告诉我,我现在回想,当时确实做错了,我发现新来的中国朋友常犯这毛病,就是画蛇添足、自作主张,还认为自己对,甚至认为那是人情味的表现。可是,换个角度,如果在中国做事就不一样了,老板叫你加奶精,你不给他加糖,他真可能认为你笨。结果,在东西方都不出错的方法,就是照您说的——附加一包糖。"那助教笑道:"我后来碰上这种情况,照您说的做,对方都会先一怔,然后赞美我细心,我还把这一招教了好多朋友呢!"

再提一件小事——

某年,我去日本的一个大出版社,一位年轻职员在门外迎接我,他先带路在前面走,但是到大门前,突然止步,伸手请我先进,接着下楼,他先鞠躬,说由他带路。但是转过一个长廊,上楼,他又让开,要我先上。等到了楼上,再快步跑到我前面一点,说由他带路。

我被弄得一怔一怔,但是不能不赞赏那职员的态度,因为他严格遵守了"下楼时主人先下,上楼时客人先上",以及"对熟悉的地方,客人走在前面;对生疏的地方,由主人在前面带路"的原则。使我对那公司一开始就有了"他们做事会很严谨"的好印象。

我要对你说

处世艺术的确是一门必须掌握的学问,但常常被妄自尊大的人们忽视。不能从容处世的人,也不能从容做人。学会尊重别人,为别人着想,生活需要我们有一颗细腻的心。

永远不晚

孙盛起

日语学习班开学报名时,来了一位老者。

"给孩子报名?"登记小姐问。

"不,自己。"老人回答。

小姐愕然。屋里那些年轻的报名者也愕然,有的还嗤笑他。

老人解释:"儿子在日本找了个媳妇,他们每次回来,说话叽里咕噜,我听着着急。我想听懂他们的话。"

"您今年高寿?"小姐问。

"68。"

"你想听懂他们的话,最少要学两年。可两年以后您都70了!"

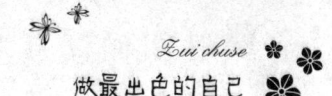

老人笑吟吟地反问："姑娘，你以为我如果不学，两年以后就是66吗？"

事情往往如此：我们总以为开始得太晚，因此放弃，殊不知只要开始，就永不为晚。明年我们增加一岁，不论我们走着还是躺着；明年我们同时增加一岁，可有人收获，有人依然空白——差别只在你是否开始。

老人学与不学，两年以后都是70，差别是：一个能开心地和儿媳交谈，一个依然像木偶一样在旁边呆立。

我要对你说

俗话说："活到老，学到老。"时不我待，不论鹤发还是童颜，在知识面前都是求知者。因此，我们应该摒弃世俗的偏见，在有限的时间里追求真知，追求真理，并为此而奋斗终身。

一夜解开千年难题

江 玲

在 1796 年的一天，德国哥廷根大学，一个 19 岁的青年吃完晚饭，开始做导师单独布置给他的每天例行的三道数学题。

青年很有数学天赋，因此，导师对他寄予厚望，每天给他布置较难的数学题作为训练。正常情况下，青年总是在两个小时内完成这项特殊作业。

像往常一样，前两道题目顺利地完成了。第三道题写在一张小纸条上，是要求只用圆规和一把没有刻度的直尺做出正十七边形。青年没有在意，像做前两道题一样开始做起来。然而，做着做着，青年感到越来越吃力。开始，他还想，也许导师见我每天的题目都做得很顺利，这次

特意给我增加难度吧。但是，随着时间一分一秒地过去，第三道题竟毫无进展。青年绞尽脑汁，还是想不出现有的数学知识对解开这道题有什么帮助。

困难激起了青年的斗志：我一定要把它做出来！他拿起圆规和直尺，在纸上画着，尝试着用一些超常规的思路去解这道题。

当窗口露出一丝曙光时，

青年长舒了一口气,他终于做出了这道难题!见到导师时,青年感到有些内疚和自责。他对导师说:"您给我布置的第三道题我做了整整一个通宵,我辜负了您对我的栽培……"

导师接过青年的作业一看,当即惊呆了。他用颤抖的声音对青年说:"这真是你自己做出来的?"青年有些疑惑地看着激动不已的导师,回答道:"当然。但是,我很笨,竟然花了整整一个通宵才做出来。"导师请青年坐下,取出圆规和直尺,在书桌上铺开纸,叫青年当着他的面做一个正十七边形。

青年很快做出了一个正十七边形。导师激动地对青年说:"你知道不知道,你解开了一道有两千多年历史的数学悬案?阿基米德没有解出来,牛顿也没有解出来,你竟然一个晚上就解出来了!你真是天才!我最近正在研究这道难题,昨天给你布置题目时,不小心把写有这个题目的小纸条夹在了给你的题目里。"这个青年就是数学王子高斯。有些事情,在不清楚它到底有多难时,我们往往能够做得更好,这就是人们常说的无知者无畏。

我要对你说

当我们不了解面对的困难时,往往有信心将它克服,但随着认识的深入,信心就可能减退或发生动摇。如果我们心里产生了恐惧,又怎么有勇气战胜困难呢?所以良好的心态永远是最重要的。

笨小孩

彭海清

小时候,我在村里是出了名的笨孩子。

6年级时,父亲带我去交公粮。出纳算了账,父亲觉得不踏实,便又偷偷叫我重算了一遍,结果和出纳的数目相差十几块!父亲在得到我的肯定后和出纳吵了起来,目不识丁的父亲只相信自己的儿子,居然和相交几十年的老友吵得面红耳赤!我心虚地又算了一遍,天啊!竟然是我错了!那一刻我愧疚得要死,父亲喋喋不休的争辩也一下子顿住了。那一刻,我清晰地见到父亲的脸一下子变得铁青,手也在不停地颤抖,他久久地盯着我,不发一言,然后在众人的哄笑声中拉了我便走。

也许是智商有限,加上读书不用功,虽然花了时间早起晚睡很认真去做,我每次考试的成绩总不理想,且往往被老师留堂。父母来校接我时总要被老师数落一通,他们只能满脸通红地彼此安慰说,孩子还没通性,由着他吧,长大了会自觉的,别逼着他了。显然他们彼此都很清楚自己的儿子不折不扣地笨,却仍善意地期望着。

懵懵懂懂地长到 12 岁，我的思想第一次发生了重大转变。

那年初秋，天气特别炎热。刚割完早稻，父母出工去了，叫我在家门口晒谷子。中午的时候，我望了一眼万里无云的天空，心想不会下雨吧，便跑去不远的小河里游泳。正游得开心，大雨骤然而至，我光着身子拼命地跑到家里的时候，父亲正拿着扫帚拼命地堵截那些被水流冲走的谷子。见我回来，就扬起扫帚。我一见吓坏了，扭头就跑，慌不择路地跑进了一条山沟，一不小心掉进了水沟，水势湍急，一下将我冲出老远。夹杂在水里的荆条又火上浇油，我一急一痛，便昏了过去。后来听说，父亲当时吓坏了，背着我没命地往医院跑，鞋子跑没了，上衣跑没了，裤子也撕破了。半路上，母亲听到消息追上来，便轮流背着，一直背到三十多里外的医院。母亲有腿疾，走路本来就一颠一颠的，我无法想象那段路她是怎样挺过来的。十多年后的今天，我每每想起父母在那条山道上心急如焚地奔跑，泪水便会不由自主地流出来，心中也悔恨不已。

看到我醒来，父母喜极而泣，抱头大哭。泪水滑过他们憔悴的脸庞，滴落在他们血痕斑斑的脚上，触目惊心！其实当时我只是惊吓过度，医生说，在家静养一下就行了。但父母的小题大作却唤醒了我那麻木沉睡的心。父母的泪水让我一下子长大了，那一刻，我突然意识到即使愚笨到这种程度，也是父母心中的最爱啊！

那年期末，我破天荒考了全班第一。邻居说这娃子就是命硬，这水中一浸不但没有浸出问题，反而把人给浸聪明了。只有我知道，正是父母的爱让我滋生了强烈的愿望——我要用最好的成绩来给父母争光。全班第一的荣耀让父母骄傲了好久，他们屡屡将我作为弟弟妹妹们的榜

27

样。这让我开心了好久,以至于慢慢养成了读书的习惯,一读读到大学毕业。

我至今仍不知道自己的智商是高是低,也许,这对人的一生并不重要,重要的是有怎样的父母。从懵懂到明事,其实只是一桥之隔,父母温和宽厚的爱是孩子跨过这座桥的动力。就像黑云经过太阳的亲吻也会变成绚丽的彩霞,再笨的小孩,有父母的爱和呵护,也会长成顶天立地的栋梁。

我要对你说

父母是孩子最好的老师。父母爱子,不计付出,不求索取,而孩子也一定要懂得父母的良苦用心,不要让父母寒心失望。

有爱的人生

程绍德

有一个老人，临终前把家里的土地和财产平均分给了两个儿子。老人过世后，小儿子想："我独自一人日子容易打发，可哥哥拖家带口的，生活会比较艰难，我应该把自己的那一份，再分一半给哥哥才对。"他怕哥哥不肯接受，趁着夜黑风高，把自己分得的苹果和玉米，搬一半偷偷送到了哥哥的仓库里。

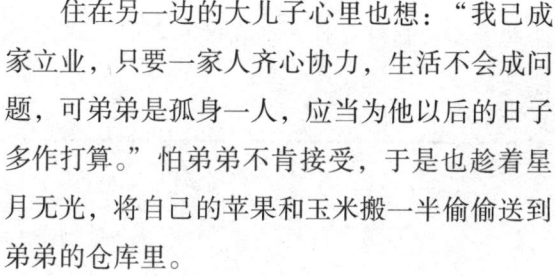

住在另一边的大儿子心里也想："我已成家立业，只要一家人齐心协力，生活不会成问题，可弟弟是孤身一人，应当为他以后的日子多作打算。"怕弟弟不肯接受，于是也趁着星月无光，将自己的苹果和玉米搬一半偷偷送到弟弟的仓库里。

第二天早上，当他们走到仓库的时候，都吓了一跳，苹果和玉米丝毫未减，两兄弟都以为自己做了一个非常真实的梦。

晚上，两兄弟再一次搬苹果和玉米到对方仓库时，竟然相遇了。兄弟俩同时扔下手中的东西，紧紧地抱在一起痛哭起来。他们决定不分家，共同经营父母留下的土地。

这是一个在以色列民间广为流传的故事，这两个兄弟抱在一起哭泣的

地方，后来成为耶路撒冷的圣地，也成为后人朝圣的地方。

原来，人们对爱的向往要远远大于财富。

其实，每个人来到这个世界上并不是单单为自己活着，人与人之间只有互相关心、互相给予，爱与真情才会释放出绵绵不断的能量，才会焕发出勃勃的生机。

有爱的人生是丰盈的，每一分每一秒，我们都可以在生命中感受到生活的幸福和美好。

爱是相互的，你善念闪现的那一瞬间，另一人也跟你一样，想着要为你做点什么。在亲人之间，这份爱更是无私的，感人肺腑的。

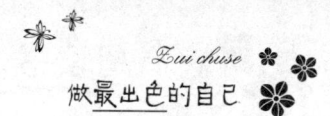

夏天,我重新发现

孟 唯

第一次参加高考时,我知道自己考不上大学,很早就知道了。

小时候爸爸妈妈三天一大吵,隔天一小吵,吵完之后没人管我,那时我就彻底放弃学习了。

我不上课,每天和一些小混混泡在一起,在街头巷尾游荡,对着漂亮女孩吹口哨,在游戏室通宵打电玩,甚至向低年级的学生勒索。

有一天,爸爸把我从游戏机室揪出来当众暴打了一顿。爸爸一路揪着我的耳朵,把我拽回家,一进家门便和妈妈开始对我进行"男女混合双打",打完之后便让我拖着行李搬家了。

后来我才知道,一个被我勒索过几十元钱的10岁小学生的家长找到了我家,扬言如果家里不好好管教我,就要把我废了。

转学到新学校后不久,就要中考了。我想上中专,上了中专以后我就不用学习了!当我把这个想法告诉爸爸妈妈的时候,他们俩又以一顿暴打对我进行了深刻教育:务必上高

中，以后务必上大学！

就这样我被爸爸妈妈逼着上了高中。当年我正处在青春叛逆期，也许是为了报复父母对我的暴力和冷漠，也许是永远无法忘怀他们带给我的伤害，所以我学习一直不努力。我也不知道自己是不是故意气他们：你们不是想让我上大学吗？你们让我失望了这么多年，你们这么多年从来没有给过我一个幸福平和的家，我又凭什么要成全你们的梦想？

高中那三年我也是这样混着，高考结束后一切恶梦就结束了，我将考不上大学，然后被父母扫地出门，远走高飞的感觉是多么美好啊！

高考结束了，我只等着分数出来后，父母将我暴打一顿后赶出家门。

可是令我万万没想到的是，当妈妈看到我两百多分的分数条时，痛哭失声。她一边哭一边说：你真的只考了这么点儿分，你怎么办啊？你以后的日子怎么办？

我以为她看到分数条的那一刻会扑上来打我，可是那天她没有，她只是一遍一遍地看着分数条哭，问我爸爸"怎么办"。爸爸也没有打骂我，他坐在妈妈对面一声一声叹气。

这个夏天成了记忆里印象最深的一个夏天。无数个傍晚，我坐在那栋租来的破旧的五楼的阳台上，看着天边残阳如血，大片大片的红云席卷而来。爸爸妈妈的身影在夕阳的照射下拉得很长很长，他们俩搀扶着

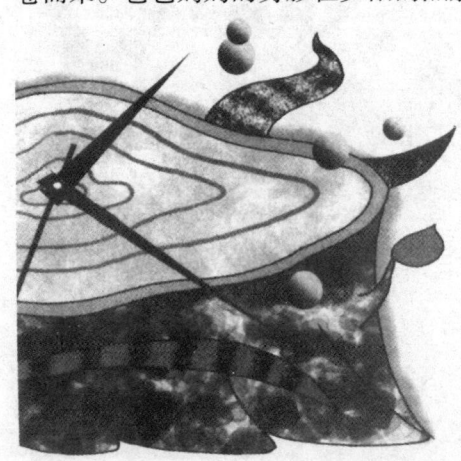

一步一步蹒跚走来。当我看到他们回家时疲惫的身影，就知道他们又奔波了一整天。四处求人，找关系，请客送礼，到处打听各个学校的招生情况，希望以自己最大的能力帮不争气的儿子尽量争取上一所大学。

我知道家里没钱，也没社会关系，因此我可以想象得到

那个夏天父母在炎炎烈日下曾遭受过多少羞辱和冷遇。当我看到爸爸妈妈相互搀扶着的身影蹒跚走进家门时,第一次知道什么叫内疚。

他们不欠我的,而是我欠他们太多。我以为高考结束的这个夏天,自己会被扫地出门,但是这个夏天,我却第一次为自己的无知和冷漠付出了惨痛的代价。我配不上父母这样深沉的爱!

夏天没过完,我便复读去了。这个夏天我收获了爱,收获了理想和尊严。

父母怎能不爱孩子呢?他们打骂孩子,是为了让他们上进,让他们变好,那是爱孩子的表现。如果孩子能早明白这一点,如果父母能温和一点,那么,他们就会拥有更多的快乐。

种一株快乐的兰花于我心

陈文杰

唐代著名的慧宗禅师常为弘法讲经而云游各地。有一回,他临行前吩咐弟子看护好寺院的数十盆兰花。

弟子们深知禅师酷爱兰花,因此非常殷勤地侍弄兰花。但一天深夜,狂风大作,暴雨如注。偏偏当晚弟子们一时疏忽将兰花遗忘在了户外。第二天清晨,弟子们后悔不迭:眼前是倾倒的花架、破碎的花盆,棵棵兰花憔悴不堪、狼藉遍地。

几天后,慧宗禅师返回寺院。众弟子忐忑不安地上前迎候,准备领受责罚。得知原委后,慧宗禅师的神态依然是那样平静安详。他宽慰弟子们说:"当初,我不是为了生气而种兰花的。"

就是这么一句平淡无奇的话,在场的弟子们听后,肃然起敬之余,更是如醍醐灌顶,顿时大彻大悟……

记得初次读到这句话时,我也曾怦然心动。

在现实生活里,现代人时常心为物役,有太多的患得患失。因此,我们错过了许多的快乐和幸福。

"我不是为了生气而种兰花的。"看似平淡的话语里,暗藏了多少佛门

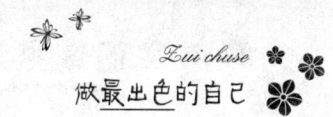

玄机,又蕴含了多少人生智慧:

我不是为了生气而工作的,我不是为了生气而交往的,我又何尝是为了生气而生儿育女的,我又何尝是为了生气而生活的……

常言道:人生在世,不如意事十之八九。况且事已至此,生气又何益?从此将那棵快乐的兰花栽种于心田,拥有了兰心蕙质,我们的内心一定会盈满幸福。

我要对你说

心为物役,患得患失的人不会有太多的快乐。与其为发生过的事情而痛苦,不如从痛苦中解脱出来,去体会更加丰富多彩的内心世界。用淡雅的兰花装点心房;让芬芳的玫瑰盈满生命。

不变的善良

黄艺宁

一位老人路过乡村公路时,被一辆从后面开过来的小车碰着了,老人倒在了地上。路上没有行人,也没有人看见所发生的一切。

小车停了下来,从里面走出一个又白又胖的男人。男人看了看老人,老人就要坐起来。男人说:"你先别动,伤着哪里了?"老人说:"轻轻地碰了一下,没伤着。"男人又看了看老人,说:"你真的没伤着?"老人说:"我真的没伤着。"男人说:"你没伤着,那我走了啊。"老人说:"你走吧。"

男人走到车门边,要打开车门上车时,又回到老人身边,说:"你真的没伤着,那我真的走了啊!"老人说:"我真的没伤着,你走吧。"男人上了车,发动了引擎,又熄了火下来,再次走到老人身边,说:"你真的没伤着?那你坐起来给我看看。"老人就动了一下,想坐没坐起。男人说:"要不要我扶一下?"老人说:"不用,人老了。起床时也不能一下子就起来。"老人挣扎了一下,坐了起来。

男人帮老人拍了拍身上的衣服,看了看老人的头和手,又对老人说:"你真的没事?那你站起来走几步我看看。"老人用手撑了一下地,踉跄了一下,站了起来走了几步,说:"是吧?我

真的没伤着。"男人看了，笑着说："你真没伤着，可是，你要是说你伤着了，我会给你钱的，你真傻。"老人也笑了，说："你还说我呢？你还不是一样傻？这里没人看见，你是可以走的，可你怎么没走？幸好我没受伤，我要是受伤了，你少不了要花一笔钱为我治伤。"

两人笑过了，男人又看了看老人，说："看得出，你的日子过得并不宽裕，在农村，你应该算是穷人了。你虽然穷，可你还是这样善良！"老人也看了看男人，说："看得出，你不是发了财的就是当了官的，你不是有了钱就是有了权，你这么发达了，可你还是这样善良！"

男人拍了一下老人的肩膀，说："好样的。"老人握了一下男人的手，说："你也一样。"两人就走了。

这匆匆一遇，姓名是没记住，但两个人记住了彼此间不变的善良。

我要对你说

心怀善意、真诚待人的人，他的生命是有回声的，你送去什么它就送回什么，你给予什么就会得到什么。与人相处，就像面对一面镜子，你笑他就笑，你哭他就哭。因此，聪明的人都会笑对他人。

我看到了一条河

理查德·布兰森

刚开始学游泳时，我大概有四五岁。我们全家和朱迪斯姑姑、温迪姑姑、乔姑父一起在德文郡度假。我最喜欢朱迪斯姑姑，她在假期开始时和我打赌，如果我能在假期结束时学会游泳，就给我10个先令（先令是英国旧币，10先令相当于半个英镑）。于是我每天泡在冰冷的海浪里，一练习就是几个小时。但是到了最后一天，我仍然不会游泳。我最多只能挥舞着手臂，脚在水里跳来跳去。

"没关系，里克，"朱迪斯姑姑说，"明年再来。"

但是我决心不让她等到下一年。再说我也担心明年朱迪斯姑姑就会忘了我们打赌的事。从德文郡开车到家要12个小时，出发那天，我们很早起身，把行李装上车，早早地起程了。乡间的道路很窄，汽车一辆接一辆，慢吞吞地往前开。车里又挤又闷，大家都想快点儿到家。这时我看到了一条河。

"爸爸，停下车好吗？"我说。这条河是我最后的机会，我坚信自己能赢到朱迪斯姑姑的10先令。"请停车！"我大叫起来。爸爸从倒车镜里看了看我，减慢速度，把车停在了路边的草地上。

我们一个个从车上下来后，温迪姑姑问："出了什么事？"

"里克看见一条河，"妈妈说，"他想再最后试一次游泳。"

"可我们不是要抓紧时间赶路吗？"温迪姑姑抱怨说，"我们还有很长一段路程呢！"

"温迪，给小家伙一次机会嘛，"朱迪斯姑姑说，"反正输的也是我的10先令。"

我脱下衣服,穿着短裤往河边跑去。我不敢停步,怕大人们改变主意。但离水越近,我越没信心,等我跑到河边时,自己也害怕极了。河面上水流很急,发出很大的声响,河中央一团团泡沫迅速向下游奔去。我在灌木丛中找到一处被牛踏出的缺口,涉水走到较深的地方。爸爸、妈妈、妹妹琳蒂、朱迪斯姑姑、温迪姑姑和乔姑父都站在岸边看我的表演。女士们身着法兰绒衣裙,绅士们穿着休闲夹克,戴着领带。爸爸叼着他的烟斗,看上去毫不担心。妈妈一如既往地向我投来鼓励的微笑。

我定下神来,迎着水流,一个猛子扎了下去。但是好景不长,我感到自己在迅速下沉。我的腿在水里无用地乱蹬,急流把我冲向相反的方向。我无法呼吸,呛了几口水。我想把头探出水面,但四周一片空虚,没有借力的地方。我又踢又扭,然而毫无进展。

就在这时,我踩到了一块石头,用力一蹬,总算浮出了水面。我深吸了口气,这口气让我镇定下来,我一定要赢那10先令。

我慢慢地蹬腿,双臂划水,突然我发现自己正游过河面。我仍然忽上忽下,姿势完全不对,但我成功了,我能游泳了!我不顾湍急的水流,骄傲地游到河中央。透过流水的怒吼声,我似乎听见大家拍手欢呼的声音。等我终于游回岸

边，在 50 米以外的地方爬上岸时，我看到朱迪斯姑姑正在大手提袋里找她的钱包。我拨开带刺的荨麻，向他们跑去。我也许很冷，也许浑身是泥，也许被荨麻扎得遍体鳞伤，但我会游泳了。

"给你，里克。"朱迪斯姑姑说，"干得好。"我看着手里的 10 先令。棕色的纸币又大又新。我从没见过这么多钱，这可是一笔巨款。

爸爸紧紧地拥抱了我，然后说："好了，各位，我们上路吧！"直到那个时候，我才发现爸爸浑身湿透，水珠正不断地从他的衣角上滴下来。原来他一直跟在我身后游。

 我要对你说

也许他从来没有说过爱你，也许他不曾对你微笑，但是他却会在心底默默关心你，会用目光鼓励你，会在身后注视着你。这就是父亲，他给了你最宝贵的别样的爱。

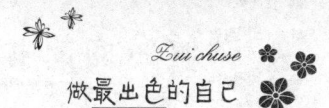

每天都有高兴的事

罗 西

正走路，前面是对小恋人，男的翻开钱夹，让女的看照片，两枚硬币悄然滚落，他们浑然不觉，我随即叫住他们，笑着提醒：钱掉了……他们很高兴，还略带羞涩地感谢了我。虽然只是区区两元钱，但是我仍然为这样小小的不足挂齿的好事而开心。

每天，我几乎都能遇到类似这样的开心事。

我原先是个不太快乐的人，看见乞丐会抑郁，看见美女很惆怅，自从习惯每天都为别人做些小事情后，内心晴朗、敞亮了许多，这是很美的。

我们都在奔小康、中产生活，可是我们的心灵小康、富足了吗？这是一个有趣的问题。

有个小孩子在快餐店门口捡到一枚硬币。他高兴地说："今天真是我的幸运日。"然后他又想："嗯，我可以用它去买一块糖。"进门后，他看到很多人，心想："也许这是谁掉的。"于是他去问收银员。收银员说："没有人掉钱，你自己留着吧。"小孩子很高兴。这时候，他又看到快餐店门口坐着一个无家可归的人，他身边放着一个切割过的可乐瓶子，等待人们施舍。小孩子动了恻隐之心，把这枚硬币给了那个流浪汉，很高兴地对那人说："今天是我们两个的幸运日！"

这是美国教科书里的一篇短文，没有轰轰烈烈，但是那孩子内心的变化与感悟值得推敲，它不去升华什么大主题，它只告诉你，做件小小的好事，都应该由衷地高兴，并且深感幸运。

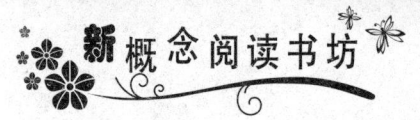

所以，西方心理学家早就建议，如果你遇到人生的不幸、挫折和痛苦，那不妨去医院做一天义工，那是最好的心灵拯救与解脱；东方人喜欢把它演绎为积德，其实也是，你可以得到所谓的"现世报"，准确地说是"当下报"，回报给你的是可贵的快乐。快乐真的非常珍贵。

一次打车，刚坐定，只见那师傅果断地把抽了一半的烟摁灭。我当即谢谢他，他非常惊喜地回头端详我，然后回我一句"也谢谢你"，彼此陌生，但是内心那一刻是默契的，都读懂了对方的喜悦。下车的时候，跟朋友一般地告别，很温暖。那天，我是去办理一件棘手的事情，也许是好心情赋予我的好容颜、好态度，结果事情办得异常顺利……再次带着好心情走回家，也不会轻易发火打儿子了！良性循环，一天下来，像是看每一朵花开，赏心悦目。

再比如，这天下班走路回家，薄雨，在天桥下，看见一堆人七嘴八舌地围着一个脸上有刮伤、衣服脏湿的小学生模样的孩子，地上有倾倒的自行车，旁边停着一辆摩托车……当即，我就明白是一起事故。我拨开围观的人，挥手拍着那个脸朝一边正与一个妇女对话的孩子："你家电话是多少？"马上有人异口同声地说，那女的就是他妈妈！原来已经有人通报他家人来了，肇事者垂站一边，满脸懊悔……知道孩子家长已经来了，我二话不说，马上就知趣地退出，这时有个细节让我很享受：原先是挤进人群，这回所有看热闹的人都主动闪出一条缝，让我出去，他们表情是敬佩与赞赏的。其实，我至多算见义勇为未遂，但是仍然赢得人们的尊敬，这是很合算也很快乐的事情，是对热心的奖赏。

好事，如此简单，只要你心里多了一些悲悯、关怀与友善，如同蓝天里飘一些白云，只会让天空更蓝更辽阔，而不会增加负担。

不久前，单位员工一起去度假，节省开支后，每人还可分到50元的现金,因为出纳手头都是整票100元,只好每两人合领100元,个人再去分。我与小潘一组,他代领,结果回来后,他忘记了这个事情,没有给我50元。在家里吃饭的时候我笑谈过这个事情,孩子问我那怎么办,我说,在心里,我早就愉快地把那50元赠给他了,他常常帮助我维护电脑,虽然这份感激的"薄礼"他没有觉察到,也可能永远都不知道,但是我很安心,送礼的真诚与快乐都在心里,现在想着这件"不署名的好事",还忍不住会心一笑。

确实,还有一种好事是发生在心里的,一件很普通甚至不好的事情,转念一想,就可以变成好事,这很考验一个人的快乐胸襟与快乐能力。

我要对你说

一种感恩善良的心态,不仅可以消除生活中的不快,驱散世俗的纷扰,更可以让我们体会到前所未有的美好。生命是一种心境,温馨与快乐是它最美丽的风景。

聆听世界

张小失

　　一个周末下午,我在公司里与一群同事就新项目的实施问题进行了一场激烈的辩论。我当时情绪激昂,口若悬河,舌战群儒,表现十分精彩。

　　那天晚上,我感觉很累,草草洗脸、洗脚就上床,想好好地睡一觉。可是,脑海里翻腾的东西越来越多,我开始回忆起下午的辩论细节——兴奋的面孔、激烈的语言不住地从眼前闪过。我为自己的辩才而得意,觉得自己是公司里的一个富有影响力的人物。我发现我的呼吸无法平稳,疲劳的身体也无法入睡,只好又穿起衣服,到小区外的环城河边散步。那时,我看见明月映照下的河面波光粼粼,虫子的鸣叫轻轻地

在耳畔荡漾,树林深处还传来情侣的窃窃私语。我一边漫步,一边聆听,聆听那个夜晚的世界。

　　又一个周末,我去档案室调出那次辩论的录像资料,观看时,我真的羞愧了——我清晰地看见,当我口若悬河的时刻,有一个人静静地坐在长桌的尽头,他是我们的老总,自始至终,他几乎就没有发言,

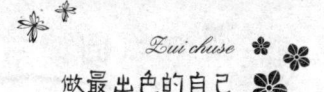

只是不时转头看着发言者,偶尔微笑或点头,最"激烈"的动作不过是随着大家鼓掌——他完全是个"聆听"者,但是,谁也无法否认,他是场面上真正的核心人物。他使我回忆起去年的那个孤独的夜晚,也就是我聆听世界的时刻,我终于发现:一个善于聆听的人,往往比滔滔不绝的"语言斗士"更有影响力——他可能通过聆听这个世界,而最终获得了对全盘的把握。

我要对你说

　　做一个优秀的听众,实属不易。因为这不但需要一份心平气和、稳若泰山的心境,而且要求从聆听中真正明白发言者的心声。通过聆听,收获经验与教训,增长智慧,这才是智者的行为。

晴朗的心可以牧马

罗 西

有个女生,在网络上认识一男子,她很诚恳地答应对方的要求,先发去了照片,结果那男人在 QQ 里立即表示疑问:"是你的吗?"开了视频证实后,他又进一步杞人忧天:"你会不会把我头像截图,拿去乱发?"这让她有些恼火,忍不住回击:"谁会那么无聊,而且交朋友很正常,怕什么?"后来彼此交往得差不多,准备见面,他又啰唆地问:"你不会是交友网站的托吧?"令她无话可说,斩钉截铁地把他加为"黑名单",然后写邮件问我,这样的男人,心理怎么了?

谁都不喜欢满脸狐疑的人,特别是敏感、多疑的男人;如果习惯性怀疑,就没有诸如干脆、坦荡、果断等魄力,男人没有魄力,是很窝囊的。

显然,该男人定是个弱者,一个习惯以弱者身份思维的男人,总把别人想得太坏,总害怕甚至觉得自己是受害者!神经质的人,内心一般不够强大与敞亮,可见他不是一个健康的人。

我喜欢气息清新、内心明亮、面容晴朗的人,如同我不喜欢蛇与猫,因为总觉得它们阴冷。我平常也喜欢去锻炼,如爬山,可是我常常见到一些满脸仇恨或者忧戚的跑者,我不小心看见这样的面容,都很不舒服,心想,如果内心不开朗、面孔

很沉重，再坚苦卓绝地跑啊爬啊也没有用。常常有一种冲动，恨不得叫住那种挂一张"旧社会脸"的人，提醒他们驱散脸上的阴云，让阳光闪耀！

　　曾经有幸见识过一个内蒙古的学生，他声音洪亮，相貌堂堂。刚开始，我都有些不好意思带他出去，因为他真的跟城市里的人不一样，大方到可以在天桥上放声高歌，毫不忸怩，没有担心、顾虑，仿佛也没有秘密，一个绝对可以朗读的人，清爽到豪迈！有人好奇，围着他问：草原怎么上课？他说："老师骑着马，拿着粉笔，在这边写一画，骑马走到那边再写一画；老师提问时，我们就把答案绑在箭上，然后射在黑板上！"再问：你家养羊吗？他的回答："嗯，那是那是，睡觉时我搂一只，我妹搂两只。"又问：你们打的吗？他笑声朗朗："打，有钱打个马的，没钱打个骆驼的。"

　　这样的人，阳光、辽阔，还带着青草的香。他不太习惯城市里局促的环境，他回去后给我写信，有这样一句：我想送你一匹马，可是你得有草原。我的回答是："谢谢！我愿意在心里开辟出无边的草原。"

我要对你说

　　让生命充满芬芳，让心情满载阳光。放下世俗的纷争与阴霾，不必被忧伤和烦恼所打扰，背起寻找幸福的行囊，在人生之路上，做一个快乐的旅人。

"自杀崖"上的50年微笑

张达明

澳大利亚悉尼港的东部有一座被称为"自杀崖"的临海悬崖,因悬崖边上的护栏高度仅有一米,许多想不开或有心理问题的人,就选择在这里结束自己的生命。

距"自杀崖"约一百米处,有一座二层小楼,这是唐·里奇的家。他今年84岁了,从34岁开始,他每天早晨起床后要做的第一件事,就是到卧室窗前观察"自杀崖"。如果发现有人站在距悬崖边非常近的地方,他就会立即冲过去,竭力将他们从死亡线上拉回。

1960年,里奇偶然看到一条新闻,一名19岁的年轻人因感情受挫,要在"自杀崖"结束生命,当时围观者很多,却无一人上前劝阻。最后,这名年轻人跳下了万丈深渊。警方在调查时发现,该青年留有一封绝命书,上面写着:"那么多围观者,每人脸上都挂着冷漠,那一刻我失望了,感觉这个世界不再值得留恋。"这条新闻震动了里奇。也就是从那时起,他决心尽自己所能,挽救那些对生活失去信心的人。

里奇在一家人寿保险公司工作,这让他有机会深入地了解各种人的心理,施救时也更

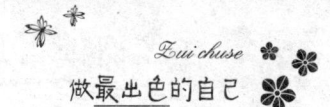

有得天独厚的条件。虽然如此，在挽救第一个自杀者时，却让他险些丢了性命。

那天一大早，里奇发现一名三十岁左右的妇女正神情呆滞地走向悬崖，他心里一惊，立刻冲向了"自杀崖"。而此时，那名妇女已翻过护栏。里奇什么也顾不上想，一个箭步冲了上去，用身体挡在她和深渊之间。虽然解救成功，但里奇每次想起这件事依然很后怕：当时，他和那妇女距离悬崖边缘仅有几厘米，如果她稍微推一下他，里奇就得与她同归于尽了。

后来里奇不再翻越护栏去阻止，而是采取另一种方式：与自杀者保持"安全距离"，不给对方提出忠告或建议，更不窥探对方隐私，而是送去一个温暖的微笑，轻柔地询问对方，是否愿意和自己聊聊。待对方情绪缓和后，他便很随意地微笑道："如果你有兴趣，我十分高兴邀请你到我们家喝杯茶。"

如此简单的微笑，竟在瞬间让对方感到从未有过的温暖，很快打消自杀的念头。而大多数人都乐意和里奇去家里共品香茗。

60岁的哈梅顿是被里奇挽救的人中的一个。2002年，哈梅顿的工厂破产，他一时想不开，决定去"自杀崖"结束生命。他回忆说："当我正犹豫是否跳下去时，突然听到背后传来一个声音。他问我：'你为什么不去我家喝杯茶呢？'我回过头，立刻被他的微笑所征服，就去了他家，喝了一杯他亲自泡的茶。我能有今天，真要感谢里奇那张笑脸和那杯香茶。"

当然也有失败的时候。2005年夏，里奇曾竭力劝说一名叫特蕾西的女孩放弃轻生，但最后，她还是跳下了悬崖。看着一个年轻的生命瞬间消失，里奇禁不住失声痛哭。他对妻子说："我知道我尽了力，但我依然不能原谅自己！"妻子劝慰他："只要你尽力了，不会有人责怪你的。"

正如妻子所说，几天后，特蕾西的母亲来到里奇家，对他挽救女儿的举动表示感谢。她说："我相信我女儿在生命的最后时刻，能体会到

你带给她的温暖,这令我很宽慰。"

里奇"简单友好"的施救方式,也受到心理专家的称赞。澳大利亚的心理学教授戈登·帕克说:"尽管轻生者的动机不尽相同,但里奇那样'简单友好'的施救方式,的确能起到惊人的效果。他送上的一张笑脸和一杯香茶,能使许多试图自杀的人在瞬间忘记眼前的痛苦,重新鼓起生活的勇气。"

50年来,里奇已成功地从"自杀崖"边挽救了160条生命,人们称他是生命的"守护天使"。为表彰里奇的义举,不久前,伍拉勒地区议会把"2010年度公民奖"授予了里奇。

里奇说:"那些试图自杀的人一般都不想死,更多的是想让痛苦消失。所以,在那个关键时刻,为他们送去温暖的微笑,也许他们就能在瞬间改变主意。我相信,只要世间能多一点微笑,任何人都有能力拯救他们的生命。"

生活在这个物质压力和精神压力并存的年代,有些人便产生了以轻生方式来解脱痛苦的想法,但请记住:这个世界上没有解决不了的问题,而生命只有一次,它是短暂而又宝贵的。

面对两难选择

光 宇

南朝齐国的王僧虔是著名书法家,是书圣王羲之的孙子。他禀赋优异,特别是隶书的造诣超凡出众,颇负盛名。

齐高帝也酷爱书法。一天,齐高帝召见王僧虔,命人拿出文房四宝,让王僧虔当场献字,以便揣摩、欣赏他的书法艺术。

王僧虔挥毫洒墨,潇洒自如,没多大工夫,就写好了一首诗。可谓字字珠玑,赢得文武百官的一阵热烈喝彩。

齐高帝身手不凡,不甘示弱,立刻拿起笔,写了一首诗。字迹苍劲,气势纵横,同样赢得了文武百官的满堂喝彩。

齐高帝兴致甚高,即兴问了王僧虔一个问题:"朕与你的书法造诣到底谁更高一筹呢?"面对突如其来的问题,王僧虔毫无准备,听后不禁愣了一会儿。他想,以书法的实力来看,齐高帝确实略逊一筹,可是如果说自己优于皇上,那么必定让皇上颜面无光。可是,如果昧着良心说自己的书法略逊一筹,万一被误认为是有意欺骗圣上,岂不也是犯下

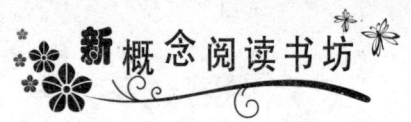

了欺君之罪，同样没有好下场。他左右为难，一时不知该如何回答，就连文武百官也不禁为他捏着一把汗。

片刻之后，机敏的王僧虔毕恭毕敬地对皇上说："臣的书法，敢说是人臣第一；而皇上的书法，则必定在皇中称王。"话音刚落，气氛立刻活跃起来。齐高帝赞赏他答得好，文武百官也佩服他答得妙。

张之洞新任湖北总督时，恰逢新春佳节，抚军谭继恂为讨好张之洞，主动设宴招待他。不料席间两人因长江的宽度争得面红耳赤，不可开交。张之洞说，长江宽七里三。谭继恂说，长江宽五里三。他们各执己见，互不相让。眼看着气氛越来越紧张，席间之人谁也不敢出来相劝。

这时候，位列末座的江夏知县陈树屏说："两位大人说的都对，长江水涨的时候宽七里三，水落的时候宽五里三。"

这话给两人解了围，两人捧腹大笑。在面对两难选择的困境时，摆脱非此即彼习惯思维的束缚，开拓双赢的思路，往往会取得皆大欢喜的结果。

只会非此即彼的人是死脑筋，会折中的人是活脑筋，会面面俱到的人才是好脑筋。解决问题的办法有很多，如果有一个问题让我们两难，那我们就找出第三种解决办法。

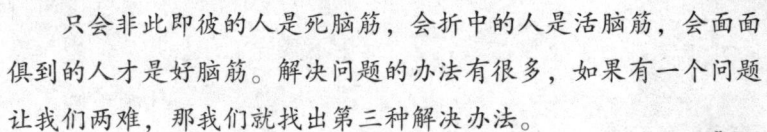

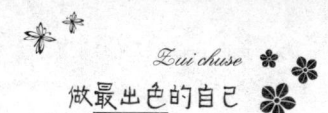

如花的心情

胥加山

一家信誉特好的大花店以高薪聘请一位售花小姐,招聘广告张贴出去后,前来应聘的人如过江之鲫。经过几番面试,老板留下了三位女孩,让她们每人经营花店一周,以便从中挑选一人。这三个女孩长得都如花一样美丽,一人曾经在花店插过花、卖过花,一人是花艺学校的应届毕业生,余下一人只是一个待业青年。

插过花的女孩一听老板要让她们以一周的实践成绩为应聘条件,心中窃喜,毕竟插花、卖花对于她来说是轻车熟路。每次一见顾客进来,她就不停地介绍各类花的象征意义以及给什么样的人送什么样的花,几乎每一个人进花店,她都能说得让人买去一束花或一篮花,一周下来,她的成绩不错。

花艺女生经营花店,她充分发挥从书本上学到的知识,从插花的艺术到插花的成本,都精心琢磨,她甚至联想到把一些断枝的花朵用牙签连接花枝夹在鲜花中,用以降低成本……她的知识和她的聪明为她一周的鲜花经营也带来了不错的成绩。

待业女青年经营起花店,则有点放不开手脚,然而她置身于花丛中的微笑简直就像一朵花,她的心情也如花一样美

丽。一些残花她总舍不得扔掉，而是修剪修剪，免费送给路边行走的小学生，而且每一个从她手中买去花的人，都能得到她一句甜甜的软语——"鲜花送人，余香留己。"这听起来既像女孩为自己说的，又像是为花店讲的，也像为买花人讲的，简直是一句心灵默契的心语……尽管女孩努力地珍惜着她一周的经营时间，但她的成绩比前两个女孩相差很大。

出人意料的是，老板竟然留下了那个待业女孩。人们不解——为何老板放弃能为他挣钱的女孩，而偏偏选中这个缩手缩脚的待业女孩？

老板如是说：用鲜花挣再多的钱也只是有限的，用如花的心情去挣钱才是无限的。花艺可以慢慢学，可如花的心情不是学来的，因为这里面包含着一个人的气质、品德以及情趣爱好、艺术修养……

我要对你说

也许外在的能力可以带来一时的利益，但是人更重要的是心情，只有如花的心情才能让人领悟到生命的真谛。正如文中所说："用鲜花挣再多的钱也只是有限的，用如花的心情去挣钱才是无限的。"

梦想瓶子

雨前龙井

生日,好朋友从加拿大寄了一个"梦想瓶子"给我。撇开那些装饰,这瓶子活像流落荒岛时抛进海中的求救瓶,里面放着一张白纸,瓶外则写着"Dreamcatcher",还附带着说明书:"把梦想写到里面的纸上,看着它成真!"

"一人一个愿望。"别傻了,愿望这东西,十个八个也不嫌多。不是吹嘘,童年时,我就曾为如果有一天神仙许我三个愿望时,该如何敲诈多点愿望而做过周全计划。势利如我,现在当然也得善用资源,能写多少就写多少。何况说明书上没写有效数目。

那张纸好小,只有两寸见方,以我的字,大概可以写4个。

愿望果然金贵。

世界和平?这梦想太大了。这么小的纸能承受得起吗?而且,本来就不相信和平这回事。只要有人的地方,就会有竞争,就会有鲜血。杀戮,不多不少也是人的本能。在人类世界,和平,真是梦想——在梦里想想就好了。

经济复苏?送了一句"哗"给自己。就算我把这愿望写下,寄到市长办公室,本来就做不了什么的市长先生,相信也不会为小女子做些什么。小女子的大愿望,写进小瓶子里,怕会逼爆玻璃。小女子最适合的,大概

还是小愿望。与男朋友天长地久。只怕自己选错人。从初恋已学会不为爱情做任何承诺，何况"天长地久"这名副其实的终身大事？

工作顺利？身体健康？横财就手？好一串新年贺词。年复一年，说来说去，总觉得这些词应验度不够高。工作每年总会遇上大大小小的挫折，身体又总会出不下三四次的大小毛病。正如考试当然要选最有把握的题目，这些没把握的愿望，写还是不写？

贪心如我，唯有狠心地写——写封电邮去埋怨寄瓶子的朋友，怨她给我愿望太少。朋友没好气，只说："下次寄个缸给你，可好？要那么多愿望，有什么用？"

突然一惊。是啊，自己仔细想想，要这么多愿望，真的有什么用？追源溯流，为什么要世界和平、经济复苏、百年好合、工作顺利、身体健康……通通都是为了让自己活得容易，活得快乐而已。

无论多大的愿望，最终的目的，原来就是这么简单。

你可像我一样，在生活中苦苦挣扎，怨这怨那，到头来，竟忘记了挣扎的意义？

给你一个"梦想瓶子"，你会写什么？

我呢，就用斗大的字写上"快乐"，放进瓶子里，封口。

我要对你说

每个人都有着各种各样的梦想，或远大，或卑微，一一回想，如同一个万花筒。看着让人眼花缭乱，很多时候，我们迷失在其中。但是，我们可曾想过，无论怎样的梦想都只有一个目的，就是快乐——近在身边。

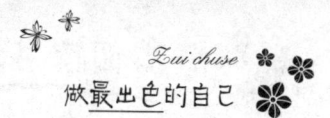

无人看见的鞠躬

何 炅

在东京坐过一次小巴。是那种很不起眼的小型公共交通工具,从涩谷车站到居住社区集中的代官山。上车就注意到司机是个娇小的女孩,穿着整齐的制服,戴了那种很神气的筒帽,还有非常拉风的耳麦。我们上车的时候她就回头温柔地说欢迎乘车,立刻就觉得这样的车程是温馨愉快的。

路途中我发现这样的司机可能最忙的其实是嘴。因为她戴着耳麦时都在很轻柔地说着什么。比如"我们马上要转弯了,大家请坐好扶好哦。""我们前面有车横过,所以我们要稍等一下。""变绿灯了,我们要开动了。""马上要到站,要下车的乘客请提前作好准备。"

我就觉得这样也挺有趣,一边坐车一边还可以猜猜人家说的是什么。到了其中一站的时候,司机讲了很多很多的话。正在猜测得难解难分的时候,车门打开,上来一个同样装扮的女司机。她朝车里的乘客们深鞠一躬,说:"接下来由我为大家服务,请多关照。"

哦!原来她们是要交换班了!然后她才下车绕到驾驶位,和之前的司机交接工作。她们简单交谈了几句,然后互相深

深地鞠躬，大家交换位置。然后新司机握住方向盘，同样温柔地说："我们马上就要开动了，请大家注意安全。"这时之前的司机在路边对乘客说："谢谢大家，祝大家一路平安！"

我们的车开动了。无意中回头，我发现路边的司机静静地在路边朝我们车行驶的方向鞠着90度的躬，许久许久。

那天下着小雨，在一条社区边安静的小路旁，一个娇小的女孩诚心诚意地对着她的乘客离去的方向深深地弯下腰去。这个场面让我当时就相当地有感触，平平静静地定格在我的记忆中。

许多人都觉得日本人礼数太啰唆。我甚至也觉得更多的客套话和没完没了的鞠躬已经不太适合这个快节奏的时代，可是我感动于这个无人看见的鞠躬。这让我觉得，职业的操守、行为的准则不是遵守给别人看的。如果你没有从心里理解和接受一个做法，你就没有办法发自内心地把它做得透彻到位。其实，我们的操守教育也好、诚信教育也好，就是期待能看到大家在人后人前都能以一贯的标准要求自己吧！

没人看见的时候，你也会鞠躬吗？

那无人注目的鞠躬彰显出一种高尚的职业道德，即使没有鲜花和掌声，没有赞誉，甚至没有人去关注，只要心灵深处有一种神圣的责任感，只要人格的力量时刻鞭策着人们，这种道德就会升华为一种伟大的情感，焕发出无限光彩。

Chapter 2 第二章

悠然下山去

　　那种只贪求高度和长度而不注重厚度和深度的人生，不是我们所期待的。至于直上云霄，长风漫卷，以及无所顾忌的贪婪，则是对生命的虐待和亵渎。似乎并非所有的人都知道生命的度和事物的临界点。

悠然下山去

王一木

有一位无氧登山运动员,在一次攀登珠穆朗玛峰的活动中,在6400米的高度,他渐感体力不支,停了下来,与队友打个招呼,就悠然下山去了。事后别人为他惋惜:为什么不再坚持一下,再攀点儿高度,就可以跨过6500米的死亡线了。他回答得很干脆:"不,我最清楚,6400米的海拔,是我登山生涯的最高点,我一点都不感到遗憾。"

我不禁对他肃然起敬。现实中,我们往往不怕拔高自己,就怕自己的高度超越不过别人。其实,任何事情都存在突破口,但不是任何人都能找到并穿越突破口而抵达更高的层次。因此,学会停止,悠然下山去,至关重要。

有人不遗余力地朝上爬,踩着坎想坡,爬着坡想山,登上山尖想月亮,全然不顾脚下的基石有多厚,是否承受得起欲望的重量。甚至把一双原本应该有所支撑的脚架空,只把朝花夕拾的幻想拧成一条向上攀缘的绳索,浑然不顾处境险象环生。

有人殚精竭虑地朝外铺张,越过篱笆想沟,跨过沟想岸,跳上岸想天边的大海,也不管口袋里的苇条是否足够编织铺天盖地的席子,甚至无视人们的愤怒和鄙夷。

每个人的生命都有自己的

极限，超过这个极限可能就会遭到报复。那种只贪求高度和长度而不注重厚度和深度的人生，不是我们所期待的。至于直上云霄，长风漫卷，以及无所顾忌的贪婪，则是对生命的虐待和亵渎。似乎并非所有的人都知道生命的度和事物的临界点。

学会停止，是对生命的尊重。尊重，不就是一块令人肃然起敬的碑吗？

 对你说

人生就像攀登一座高峰，我们应该明白要到哪里止步。如果你不能拥有坚定的意志来把握自己，那么，你最好远离那些令你迷惑的对象。适可而止是一种境界，也是一种睿智。

同一道题

郝亚平

教授收了四个学生,他们分别来自中国、美国、俄罗斯和日本。开学第一天,教授让他们解决一个问题:桌上有一只烧杯,杯内盛有水,比水面低一点的杯壁上有一个小孔,水从孔里不断涌出。现在要解决的问题是迅速采取办法阻止杯中的水向外流。教授给了四位学生一天的思考时间,第二天要他们把各自的办法演示一遍。

美国人看了一眼烧杯便走了。

中国人打量了几眼也走了。

俄罗斯人端起烧杯仔细观察一阵离开了教室。

日本人拿着尺子围着烧杯量了半天,记录下一串数字,最后一个离

开了教室。

美国人回到宿舍若无其事地喝着咖啡，玩着游戏，晚上又看电视到深夜。一天里他都没有考虑有关烧杯的事情。

中国人想：真是小题大作！重要的是不能在老外面前丢人现眼，明天一定要精神饱满。晚上他便早早地睡觉了。

俄罗斯人放下烧杯就定了一项名为玻璃容器在泄漏过程中修补技术的课题。他查阅资料，寻找工具，摆弄机械设备和电子元件……他想他自己代表着俄罗斯，自己的办法一定要领先于全世界。他从白天一直忙碌到晚上 10 点。

日本人一天都在计算机前度过。晚上他打印了一叠材料，然后冲了个热水澡就上床休息了。

第二天，教室里围了许多观众。

俄罗斯人第一个上台演讲。他搬来一只笨重的箱子，用一套设备把烧杯上的小孔堵起来。全场观众爆发出热烈的掌声。

中国人和日本人也都用各自的方法解决了问题。全场两次响起掌声。

最后上台的是美国人。他上台前向前三位同学询问："谁愿意把自己的方法转让给我？"只有日本人微笑和他搭话。不久，美国人和日本人做成了交易。日本人把昨夜打印好的材料给了美国人。材料上详细说明了水面到小孔的距离与垫几枚硬币的关系，同时还给出了烧杯的直径、水的高度与烧杯的倾斜的最大角度和计算公式。

美国人上台把日本人的办法重复了一遍，这次观众没有鼓掌，却有人喊："那是日本人的办法。"美国人耸耸肩微笑着说："对！这是日本

人的办法。我的办法是根据自己的需要投资引进别人开发的技术。在我们美国使用的最先进武器中同样少不了日本人发明的电子集成块!"全场第四次响起了掌声。

教授微笑着说:"你们的成绩是优!俄罗斯人的方法最先进;中国人的方法最巧妙;日本人的方法最经济;美国人的方法最实用!"

　　同一道题在不同人的眼中,答案却各不相同,这说明人与人之间思维方式的不同,一个智慧的人必将前途无量,一个智慧的民族必将繁荣昌盛。生活中,智慧引领人进步,让人博采百家之长并从中汲取力量,从而成长为巨人,只要轻松地迈出一小步便能到达光辉的顶点。

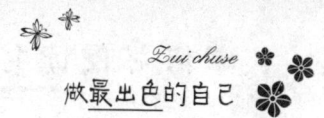

游隼搏鸽与老兔蹬鹰

向远方

《东芝动物乐园》里，有一个现代动物为生存而展开竞争的生动镜头：一只游隼在洛杉矶的摩天楼阵间盘旋，寻找猎物。人们闲步的街头广场上，有一只觅食的鸽子，被游隼空中掠过的影子所惊吓，没头没脑地飞了起来，想躲避游隼的袭击。游隼看准时机，升空而起，敛翅而待，然后照准鸽子飞来的方向，石头坠落般地扎下去，与鸽子撞个正着。接下来的镜头自然是游隼舒展了双翅，用铁钳般的爪子紧紧抠住猎物，心满意足地飞往它的餐桌去了。

看到这里，我为鸽子的盲目丧命而叹息。其实鸽子所待的街头广场是最为安全的地方。由于有游人在活动，游隼没有胆量下来，鸽子尽可以自在闲逛，不去理会。然而，鸽子会飞，用翅膀逃命是它的本能，受到惊吓，它的第一个生理反应就是收缩翅头肌。这时如果没有飞的本领，它反而会获救。我想起庭院里养的小鸡，一看到天空中的黑影，它们就会往桌凳、花草、石头、篱笆底下钻，待危险过去，才探头探脑地从藏身之处走出，重新开始嬉戏。鸽子的本领害了它，小鸡的无能救了它。那只鸽子自找的厄运，又让我想起农村插队时老乡常常提起的一句话：老兔蹬鹰。这是相反的一件动物界斗争的实例。空旷的原野里，兔子在地面跑，鹰在天上飞，如果比速

度，必然是后者占绝对优势。因此，人们通常看到的现象是老鹰抓兔子。然而，从无数次教训中吸取了经验的老兔，看到鹰后并不盲动，它只蹲伏在原地，头颅永远朝向鹰的方向。待鹰俯冲而下，空气的嘶啸声已经触及肌肤的一刹那，老兔掉头一跃而起，用它强劲善弹的后腿奋力一蹬，轻者将鹰惊吓而逃，重者能把鹰蹬一个跟头坠地、重创难行。老兔的经验帮了它。

　　如果不通过头脑思考，只知道用本能判断，那么人类就与那只愚蠢的鸽子没有任何区别。所以孔子说"三思而后行"，面临危险与困难，运用智慧，因地制宜，伺机而动，反而往往能够扭转局面。

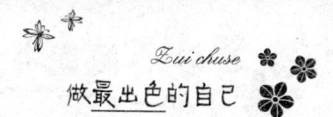

一生只为真理
——近代兵坛泰斗蒋百里

金宝山

蒋百里不仅是著名军事家，而且在文学上也颇有建树。

敢于同梁启超公开论战

蒋百里与蔡锷同庚，同为秀才，在日本留学期间一同在日本陆军士官学校学习军事。两个人志同道合，一见如故，遂结成生死之交。蔡锷是维新派领军人物，梁启超的弟子，那时梁启超在日本避难，由蔡锷介绍，蒋百里结识了梁启超并拜他为师。梁启超对蒋百里的文学才能分外赞赏。

1902年，中国留日学生已达三千人左右，大多思想激进，倾向革命。同年，蒋百里当选为中国留日学生大会干事，并组织"浙江同乡会"，又于1903年2月创办大型综合性、知识性杂志《浙江潮》。该杂志32开本，月刊，每期约8万字，行销国内，鲁迅先生积极支持《浙江潮》，每期都寄回国内让亲友阅读，他的第一批作品《斯巴达

之魂》等,即发表于《浙江潮》。身陷上海狱中的章太炎先生的诗文也在该刊登载,《狱中赠邹容》一诗万人争诵。

蒋百里为《浙江潮》所写的发刊词,情文并茂,传诵一时。他又以飞生、余一等笔名,发表《国魂篇》《民族主义论》等长篇论文连载,赞扬民主革命,提倡民族精神。立论独到,条理清晰,文辞流畅,感情奔放,颇类梁启超文笔;而他倾向革命的理论思想,又不同于梁启超的改良主义,颇受读者注意。

蒋百里一向视梁启超为恩师,执礼甚恭,但在革命与改良问题上,却从不含糊,敢于同恩师公开论战。1902年,梁启超在日本横滨创办《新民丛报》,宣扬"立宪",尤重"新民",指出:"欲维新吾国,当先维新吾民,中国所以不振,由于国民公德缺乏,智慧不开……"接着他又写出了《新民说》《新民广义》等文章,加以系统地阐述发挥,改良主义论调泛滥一时,迷惑了不少人。蒋百里立即用笔名"飞生",撰写《近时二大学说之评论》,刊于《浙江潮》,尖锐指出:"《新民说》

不免有倒果为因之弊，而《立宪说》则直所谓隔靴搔痒者也。"此文连载两期。刚刊出上半篇，即引起梁启超的高度重视，马上回应，写了《答飞生》一文，刊于《新民丛报》，进行辩解。这场论战，实际上是后来章太炎与梁启超那场大论战的前奏。同行问蒋百里："梁任公是你的恩师，你怎么同他公开论战？不怕伤害师生情谊吗？"蒋百里直言相告："吾爱吾师，但吾更爱真理！"

1919年五四运动爆发时，蒋百里正与梁启超等一起去欧洲考察。次年春回国，正值国内提倡新文化，新文化运动一时如风起云涌。梁启超深感于欧洲的文艺复兴，决心放弃政治生涯，全力从事新文化运动，蒋百里积极参与，成了梁氏最得力的助手，号称"智囊"。他不仅出主意，更著书立说，成为新文化运动的战将。

1920年9月，蒋百里主编的《改造》杂志发刊，销路日增，成为当时仅次于陈独秀主编的《新青年》的有数几家全国性刊物之一。蒋百里每期至少有一篇文章发表。其时，"省自治说"颇为流行，以对抗北洋政府的中央集权。蒋百里陆续写了《同一湖谈自治》《联省自治制辩惑》等篇。公众对社会主义颇感兴趣，《改造》每期都有文论及，蒋百里也写了《我的社会主义讨论》《社会主义怎样宣传？》等文章，更加引起梁启超、陈独秀等的关注。

蒋百里醉心于研究文学。1920年，他从海外归来，写了一本《欧洲文艺复兴史》，对文艺复兴时期精神体会很深。他在"导言"中指出："文艺复兴，实为人类精神界之春雷。一震之下，万卉齐开。……综合其繁变纷纭之结果，则有二事可以扼其纲；一曰人之发见；二曰世界之发见。"梁启超评论此书为"极有价值之作，述而有创作精神"。蒋百里撰写的《欧洲文艺复兴史》是我国人士所撰有关文艺复兴的第一本著作。1921年问世后，14个月内出了3版。当时正值五四运动之后，"民主、科学"两大旗帜深入人心。蒋百里在文中提出的"人之发见，世界之发见"两点，正是"民主、科学"的生动注脚，符合时代精神。《欧洲文艺复兴史》约5万言，由梁启超作序。梁下笔不能自

制，一篇序言竟也写了5万字，与原书字数相等。他又觉"天下固无此序体"，只好另作短序，而将此长序取名《清代学术概论》，单独出版，反过来请蒋百里为该书作了序言。这一文坛趣事虽不能说是绝后，却属空前未有。

笔伐日寇奇文共赏

蒋百里倾注了大量心血的《共学社丛书》，从1920年9月到1935年7月，15年间，共出丛书16套、86种，是旧中国规模最大的学术文化丛书之一。当时进步作家瞿秋白、耿济之、郑振铎等翻译了许多俄罗斯文学名著，都在蒋百里的帮助下，收入《俄罗斯文学丛书》，由"共学社"出版。

蒋百里在文史方面亦有建树，写过《宋之外交》《东方文化史与哲学史》《主权阶级与辅助阶级》等，颇有独到见地。他在抗战初期写了许多文章，其中最出色的当推《日本人——一个外国人的研究》，这篇剖析日本形势的杰作，极大地激励了4万万同胞的抗日斗志。

抗战初期，国民党节节败退，形势万分危急。蒋百里在1937年秋冬撰写了《日本人——一个外国人的研究》一文，断言日本发展的黄金时代已经过去，文章结语写道："胜也罢，败也罢，就是不要同他（日寇）讲和。"次年8月修改定稿，在汉口交《大公报》连载，轰动一时。该报发行量日增万份，供不应求，有些读者甚至天亮前就在报馆发行部的门前排队，等购当天报纸。后方重庆、桂林和香港等地报纸纷纷转载，读者纷纷猜测。有人说是郭沫若写的，有人说出自"文胆"陈布雷之手，又有人说郭、陈两人虽是大手笔，似又无此亲切笔意。最后一笔刊出，文章末尾呈现"蒋方震于汉口"六字，人们才恍然大悟。熟识蒋百里的人，拍着他的肩膀说："百里先生，你真会开玩笑，大名隐至今日才出现。"不认识蒋百里的人则说："果然名不虚传，不愧是抗战文坛健将。"此文当时被誉为战胜日本军国主义的"纸弹"。黄炎培写诗赞曰："……一个中国人，来写一篇日本人，留此最后结晶文字，有光芒使敌胆为寒。"

1938年，蒋百里病逝。许多名人写挽联挽诗哀悼。章士钊《挽百里》诗云："文节先生宜水东，千年又致蒋山佣。谈兵稍带儒酸气，人世偏留狷介风。名近士元身得老，论同景略遇终穷。知君最是梁夫子，苦忆端州笑语融。"

我要对你说

真理如一叶扁舟，载着你在知识的海洋畅游，从而达到成功的乐土。然而探求真理的道路却是艰难万分的，因此需要我们坚定不移地去探寻真理，并以真理为信念，努力把它传播出去，让更多的人知道，人生的意义也莫过于此吧？

杨利伟：一个人和一个民族的梦想

南香红

"神舟五号"箭破长空遨游9天，杨利伟一夜之间名动世界。

42年前，尤里·加加林成为第一个从太空俯瞰地球的人，当他的飞船掠过俄罗斯、印度、澳大利亚、太平洋的时候，他禁不住欢呼起来："多么美啊，我们的地球！我看见了陆地、森林、海洋和云彩……"

1969年，尼尔·阿姆斯特朗在月球上印上了自己的脚印，留下了那句著名的话："对一个人来说，这是一小步，可对人类来说，这却是一大步。"

一个是苏联人，一个是美国人，现在是中国人。

在巡天遥看美丽的地球时，杨利伟传回地球的第一句话是："我感觉非常良好。"

普通人眼里的杨利伟或许应该像神话人物那样完美无瑕，光彩夺目。他驾着烈焰，惊天动地呼啸而去，又像流星一样耀眼地划过长空，拽着降落伞的云朵从天空降临……

但身高只有1.68米的杨利伟似乎缺少一些神话色彩，让人很难相信，这是一个刚刚经历了奇异旅行、从天外世界安全归来的人。

他的表现似乎更为理性、节制，更为坚毅、内敛。他的话似乎更加平朴沉稳，你从中感觉不到更多的欢乐、惊喜和浪漫的情绪。

这就是中国的航天员，他代表着一个古老的国家、一个古老的民族、一种绵延传承了五千年的文明,他达到了迄今人类所能达到的高度,但却有着不同的感受和表达。

不论登上"神舟五号"的人是谁,都必将成为民族英雄永载史册。但是:为什么一定是杨利伟?

"我来了!"

"自从加加林进入太空以来,全世界已有数百名航天员遨游太空,我只是一个后来者。但对于我的国家来说,完全依靠自己的力量实现了民族的飞天梦想。"

"我虽然晚来了一步,但是,我来了!"杨利伟说。

这也是中国人对世界、对太空、对宇宙最想说的一句话。含义丰富,意味深长。

事实证明,杨利伟是最好的,这种选择也是最好的。

中国载人航天工程总指挥、总装备部部长李继耐上将说出了中国航天员选拔的过程。1996年,空军的1500多名飞行员接受了挑选,然后是800人,然后是60人,再后来剩下20人,再后来只选拔出12人,最后是3个,最终的那一刻,是1个——杨利伟。

从被选出的那天起,杨利伟说他们一直面临一个"争"的问题,也就是严酷的淘汰。"他们的政治都没有问题,身体也都没有问题,就是一次一次地考,一次一次地评,四分五分地加在一起,看谁的分数高。"

基础理论课程结束的时候,14个人全部达到了良好以上,杨利伟是全优;5年的体质训练中,杨利伟也是最好的;最后的强化训练,每次都打分,最后加起来算出总分,从14个人中选出5个,再从5

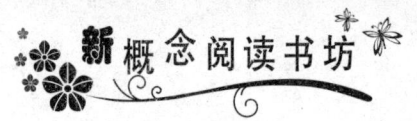

个人中选出首飞梯队3人,杨利伟始终排序第一。

"必须按操作程序进行,说话说错1次扣分,漏说1次扣分,不规范扣分,杨利伟每次都是99分,连我们所长都说,怎么这么高,不可能吧。"14名航天员的总教官黄伟芬说。

一切都是按照程序进行,只是在出征那天凌晨两点的早餐上,杨利伟打破了程序,他端着配餐说:"不行,我得来点肉,要不然怕上去没劲。"只有在进入飞船舱体的那一刻,杨利伟才突然转过身来,加上了一个程序之外的自选动作——向全场行了一个军礼。

作为一个航天员,必须做好两种准备,一种是身体上的,一种是心理上的。作为中国的第一个航天员,还要承受一种历史和文化的重量。

出征前,他和母亲也只是各说了一句话,杨利伟说:"妈妈,您要保重身体。"杨妈妈说:"放心,走吧!"

临走的那一天,杨利伟和妻子告别的方式也是传统的中国人经典式的。杨利伟对妻子说:"我走了,你不会调电子闹钟,我教你调一下吧。"妻子一把抢过闹钟说:"不,我等你回来给我调。"事后杨利伟说,那是他想了很久才说出来的一句意味深长的话,尽管似乎很随便,但是妻子马上明白了他的意思。

"10月14号晚上,我们通了一个电话,我告诉爱人说我要睡觉了,但没有告诉她是谁去首飞。15日凌晨1点40分左右,大概正好是我起床的时候,她从睡眠中惊醒,她一下子就明白了,这次任务一定是我。"杨利伟说。

坚毅、沉稳、冷静、理性、隐忍、沉默、谦虚而不张扬、刻苦耐劳、随时准备着献身,这一切是杨利伟的,也不都是杨利伟的。杨利伟身上承受的远远超过他本身的内容。

我们可以把含蓄、隐忍的民族

性格理解成和这个民族承受的过多的挫折屈辱有关；我们可以在坚毅、理性里，体味这个民族追求现代科学精神的千回百曲的艰难历程；我们或许从隐忍、沉默里感受到这个民族创造的古老的文明一百多年来受到的西方文明的胁迫与压力，那久久蛰伏于心的强国梦想，早已化作一股强大的能量——问鼎宇宙。

"这个国家已经准备好了！"

在香港，杨利伟面对成千上万争睹英雄容貌的人说："不是我个人有什么成功，我为祖国而自豪。"

香港记者问："你说的话是否都是事先排练好的？"

杨利伟答："这些全是我内心的真话。载人航天凝聚的是成千上万人几十年的心血和智慧，是国家选择了我，人民选择了我。"

在所有采访他的记者的印象里，杨利伟在任何场合说的话都不过五句，简洁得近乎苛刻，他说得最多的是祖国的荣光、集体的智慧，很少以"我"字开头。

事实上，航天事业是一个庞大群体高度协作配合的最后结果，它不可能仅仅是某一个或某几个人的功劳。

一个杨利伟后面是七大系统、一百一十多个领域、三千多个单位、数十万人的支撑，是数十万个元器件、数百万个软件、成百上千次论证和实验的累积。

在送杨利伟上天的那一刻，各大系统的老总们都向他拍着胸脯说，他们负责的这部分工作是最稳定、最安全、最保险的。

"这样的话你平时是听不到的，因为这些科学家说话都很严谨，很少说'最'，但是那天他们说得最多的就是这个'最'。我想，这个国家已经准备好了。"杨利伟说。

一个人和一项事业相连，一项事业和一个民族向着科学、强盛、发展的上升之路相连，没有哪一件哪一桩如杨利伟和"神舟五号"了。因此，杨利伟的自我因素和整个群体的因素很难分得清，也很难再有明确的界限了。航天事业同样是一个国家综合国力、科技发展水平的体现。

李继耐说，我们国力有限，不能像发达国家那样，在进行载人飞行之前，可以发射近十次，甚至十多次无人试验飞船。我们只能进行四次无人飞行试验后就要实施载人。

即便如此，载人航天飞行所需的投入也是巨大的。如果没有经济快速、持续发展聚集起来的财富作为强大后盾，这是不可能的。

其实，世界上几乎没有一个国家和学者，仅仅把"神舟五号"的发射，看作是单一的科技成就。他们都把它看作是一个具有标志意义的事件，预示着一个东方大国的崛起。

1840年鸦片战争的失败，让积贫积弱的中国人意识到了自己与西方强国的差距，从此开始了艰难崎岖的现代化历程。一百六十多年后的今天，中国的现代化成就，已经为世界所公认，可以在航天这样最尖端的科技领域，与当今世界最发达的现代化国家进行竞争。

显然，中国人的航天事业，不光是为了展示科技水平，也不仅是为了民族荣誉，除此之外，还有着明显的商业色彩。

有媒体评价说，杨利伟安然无恙地从太空返回，实际上为中国和中国人的商业火箭发射做了一个大大的广告。中国将更有实力参与每年国际商业卫星发射上千亿美元的巨大商机。

在太空中，杨利伟在第一时间解开束缚，在程序本上写了这样一句话："为了全人类的和平与进步，中国人来到太空了。"

联合国秘书长安南说："我们高兴地看到，中国在其首次载人航天飞行中，展示了联合国会旗。"

中国人是为了和平的目的来到太空的。

人类活动一旦超越了同温层的禁区而进入无边无际的宇宙，人们的思

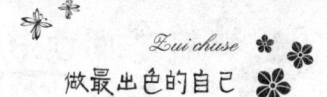

维就会大大改观——国家、民族的界限就会消失。地球上的高山大海、戈壁沙漠等等阻碍人类交流的地理和自然因素，以及种族和文化因素，都显得那么微不足道。

这个人必须是最好的，因为他是去实现一个民族的千年梦想，他的每一个举动都将牵动世界的目光，他的一言一行都具有标本意义。

从这个意义上来说，这个人不论是谁，他的个性的东西必将被格式化。这个格式就是选择他的民族的格式，他的性格必将是这个民族的性格，他的一切素质必将符合这个民族的文化与审美要求。

我要对你说

作为代表中华民族登上太空的人，杨利伟在太空中并不孤单，他身上承载了5000年的梦想，960万平方公里的荣耀，亿万华夏儿女的祝福。看国家如此强大，人民如此团结，我们不由赞叹中华民族复兴指日可待，一飞冲天就在眼前！

工作90年的员工

谢胜瑜

俗话说："活到老，学到老。"而美国洛杉矶的一位百岁老人则是"活到老，干到老"。这位名叫阿瑟·温斯顿的老人在洛杉矶公交系统工作了一辈子，被国会授予"世纪员工"称号。直到今年3月21日，阿瑟·温斯顿在工作了整整90年后，宣布从岗位上正式退休。因为第二天，温斯顿要过100岁大寿了。100岁了还去单位上班，确实有点儿说不过去。

可令人惋惜的是，温斯顿退休还不到一个月，4月13日晚就因心脏衰竭，于睡梦中辞世。

百岁生日决定退休

阿瑟·温斯顿是洛杉矶大都会交通局车辆修理工，在100岁生日的前一天，即3月21日正式退休。洛杉矶市政府特意为他举办了一个隆重的退休仪式。

在退休仪式上，温斯顿穿着淡紫色衬衫和笔挺的西装，打了领带，头戴一顶软呢帽，看上去比实际年龄年轻很多。他说："我还没好好想过退休后的生活呢。不过，我想让自己保持忙碌，保持活力。我可不打算就这样回到家坐下来。"

温斯顿对美联社记者说："不再上班了，我有点儿紧张。我在岗位上干了这么久，会很想念我的同事们。不过，现在空余时间多了，我会找到更多事做的。"

洛杉矶政府委员伊冯·伯尔基在温斯顿的退休仪式上说:"温斯顿对所有人都是一种激励,他就像一个老师,教导我们该如何敬业。要想在晚年耳聪目明、保持工作能力,就要拿他做典范。"

亚利克斯·迪努左曾是温斯顿的上司,为时7年。迪努左说:"他(温斯顿)有完美的安全记录,从不请病假,绝对不迟到,是个'可靠先生'。"

据温斯顿的同事希尔吉奥介绍,每天开始工作前,温斯顿都要站直双腿,用手够一够自己的脚尖,热热身,也证明自己有能力工作。在退休仪式上,温斯顿当场表演了这个动作,博得一片掌声。

希尔吉奥说:"他真让人难以置信。"

温斯顿坚如磐石的工作理念来自父亲。他说:"(小时候)不论下雨还是下雪,一到早上6时,我爸爸就赶我们起床,从无例外。"

工作90年只请过一次假

温斯顿是一名美国黑人,1906年3月22日生于俄克拉何马州的一个印第安人保留区,当时俄克拉何马尚未建州。

10岁时，他就开始下田摘棉花。可惜连续几年，庄稼不是毁于干旱，就是毁于风暴。18岁那年，因当地干旱和风暴导致灾荒，温斯顿和家人被迫来到洛杉矶市。温斯顿先到洛杉矶太平洋电气铁路公司——即洛杉矶大都会交通局的前身——当看门员。后来他又在洛杉矶的公共运输部门找到了一份清洁和维修汽车的工作。在22岁到28岁这段时间，温斯顿在别处工作，28岁后回到原单位（当时已改称洛杉矶大都会交通局）。

当时温斯顿梦想的工作是当一名驾驶员，但受到当时美国种族歧视政策的限制，他只能从事清洁工作。退休前，温斯顿是南洛杉矶一个车务段的维修工长，手下有11名员工，每天负责该车务段公交车辆的清洁、维护和加油。

在洛杉矶大都会交通局工作期间，温斯顿几乎从来没有因为生病或个人原因请过一天假。仅有的一次请假，还是在1988年他的结发妻子（享年65岁）去世的时候。当时温斯顿并没有告知公司老板，只是说"有一些事情要处理"。

温斯顿的同事还透露，这么多年从未听到他对工作有任何的抱怨，他工作勤奋、精力充沛，同事们都亲切地叫他"活力机器"。

一名叫达娜·科菲的汽车公司经理说："每当有人跟我抱怨工作太辛苦、工作时间太长时，我就让他们去看看温斯顿。他工作到了100岁，但从来没有人听到阿瑟抱怨过一句话。"

1996年，时任总统的克林顿授予温斯顿国会褒奖，表扬他是美国的"世纪员工"。次年，洛杉矶大都会交通局董事会以他的名字命名温斯顿所在的车务段，以表彰他长期以来兢兢业业为公司效力。

退休也不愿在家"享清福"

在七十多岁的时候，温斯顿就可以退休了，但他想继续工作，挣些钱帮助家里，或供后辈读书。在退休仪式上，温斯顿咯咯地笑着说：

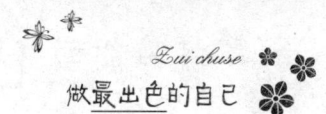

"主要问题在于工作不累人。虽然节奏快,但活儿不重,所以我不在乎上班,就这样过来了。"

闲暇时间,他打算养花种草,做做慈善工作,或是坐车在城里转转,走访洛杉矶和俄克拉何马的家人——他坐公交车可是免费的。

谈及自己退休后的生活,温斯顿表示:"我决定退休时有点儿紧张,我不想坐下来养老,像我这样年纪的老人都喜欢坐着,但他也许再也站不起来了。我还没好好想过退休后的生活呢。不过我想让自己一直忙碌,保持活力。我可没打算闷在家里。"

退休之后,温斯顿与29岁的曾孙女布兰蒂、4岁的玄外孙肯尼以及弟弟诺斯住在圣大莫尼卡高速公路边的一间小屋里。

同时,他在上月退休时立刻找到了新工作,担当一家廉价商店——"99美分"商店的名誉代言人。他还希望将来自己能回到农场中干一些适当的农活。可惜的是,工作了大半辈子的温斯顿已不能再工作了。

睡梦中悄然与世长辞

4月13日,温斯顿退休还不到一个月,就因心脏病突发在睡梦中与世长辞。

据美联社报道,温斯顿退休回家后不久,健康状况就出现了问题,还因出现脱水症状而住院治疗,直到4月6日才返回

家中休息。13日早上,他因充血性心力衰竭,在位于洛杉矶的家中去世。

温斯顿的曾孙女布兰蒂14日透露,曾祖父在退休后曾表示:"活到100岁已够了。"

"他觉得自己已完成了人生的使命,还能再活多少年对他来说已没有意义了。"布兰蒂说,"工作到100岁是一个了不起的纪录,我真为他感到骄傲。"

外孙女伊薇特则说:"他留给我们很棒的(精神)遗产。"

 我要对你说

人的价值是在工作中得到体现的。生命不息,工作不止,这样人才不会在碌碌无为中嗟叹,才不会在无所事事中迷茫,从而努力地创造属于自己的价值,享受更充实美好的人生。

生活还是毁灭由你选择

孙盛起

约翰尼·卡许是20世纪六七十年代风靡欧美流行歌坛的超级巨星。在卡许还是个孩子的时候，心中就怀有一个梦想：做个受世人仰慕的歌手。高中毕业后，他参军离开了家乡，不久被派往德国驻军。在德国的一个军人商店里，卡许买到了自己有生以来的第一把吉他。他利用业余时间刻苦练琴和唱歌，并自学谱曲，开始为实现自己的理想而奋斗。

服役期满后，卡许回到美国，奔走于各唱片公司和电台。可是，没

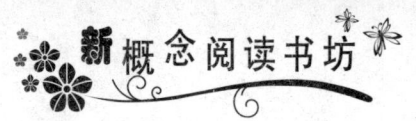

有一家唱片公司肯为他灌制唱片，就连电台音乐节目广播员的职位他也没能得到。他只能靠挨家挨户推销各种生活用品来维持生计。然而，遭遇的挫折和生活的窘迫不仅没有泯灭他心中的梦想，反而越发激励他努力提高自己的演唱技巧。他坚信，自己独特的演唱风格终有一天会被世人接受。

不久，他结识了几个志同道合的人，组织了一个小型歌唱组。在城市的街道上、教堂前的石台上、乡村小镇的酒吧前，他们为歌迷们做巡回演出，足迹遍布半个美国。终于，一家唱片公司独具慧眼，为他灌制了第一张唱片。这张唱片立刻在欧美歌坛引起轰动，各大电视台也纷纷邀他演出，约翰尼·卡许因此一举成名。

无休止的演出，狂热的歌迷，掌声，签名……这些虽然是每个歌手梦寐以求的荣誉，但也是巨大的压力。几年下来，卡许被拖垮了，晚上需服安眠药才能入睡，白天更要吃些兴奋剂才能维持全天的精神状态。

渐渐地，他恶习缠身，酗酒和服用各种镇静或兴奋性药片成瘾，以至于后来他每天必须吞服一百多片药才能使自己勉强站在舞台上。由于他服用的都是限量药品，药店有时会限制他购买。为了获取那些药片，他竟然常常失去控制，破门闯入药店进行抢夺。

他的劣行不仅使他很快失去了观众，更使他成了监狱里的常客。

一天早晨，当卡许再一次从佐治亚州的一所监狱刑满出狱时，监狱长——一位他以前的忠实歌迷对他说："约翰尼·卡许，我今天要把你的钱和麻醉药都还给你，因为你比别人更明白你能充分自由地选择自己想干的事。看，这就是你的钱和药片，你现在就把这些药片扔掉吧。否则，你就去麻醉自己。生活还是毁灭，你选择吧！"

卡许回到老家纳什维利，找到他的私人医生，表示自己要戒掉药瘾。医生不太相信，告诉他："戒药瘾比找上帝还难。"

可是卡许决心选择生活，重新找回自己心中的上帝。他把自己锁在卧室里闭门不出，开始以非凡的毅力戒除毒瘾，为此他忍受了巨大的痛苦。他失眠烦躁，坐卧不宁，时常感到身体里像是有许多玻璃球在膨胀，突然一声爆响，他的五脏六腑都扎满了玻璃碎片，他甚至能清楚地看到身体上有无数小孔在汩汩流血！然而，他的毅力和信念顽强地支撑着他，使他最终摆脱掉麻醉药的诱惑而听从于心中梦想的召唤，一步一步艰难地从毁灭的边缘爬了回来。

9个星期以后，可怕的玻璃球不再在身体里出现，卡许逐渐恢复了以前的神采。经过几个月的努力，他满怀自信地重返歌坛引吭高歌，再一次成为被人仰慕的超级巨星。

后来他说："人生在紧要处就那么几步，左边是生活，右边是毁灭，看你怎样选择。"

我要对你说

"天助自助之人"，人是生活的主人，选择什么样的生活都由自己决定。人生在不经意间流逝，所以要加倍重视自己的选择，努力寻求属于自己的生活方式，这样才会更幸福快乐。

拐弯处的发现

浪 漫

有位年轻人乘火车去某地。火车行驶在一片荒无人烟的山野之中,人们一个个百无聊赖地望着窗外。

前面有一个拐弯处,火车减速,一座简陋的平房缓缓地进入他的视野。也就在这时,几乎所有的乘客都睁大眼睛"欣赏"起寂寞旅途中这道特别的风景。有的乘客开始窃窃议论起这房子来。

年轻人的心为之一动。返回时,他中途下了车,不辞辛苦地找到了那座房子。主人告诉他,每天,火车都要从门前驶过,噪音实在使他们

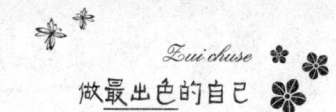

受不了了，很想以低价卖掉房屋，但很多年来一直没有人问津。

不久，年轻人用3万元买下了那座平房，他觉得这座房子正好处在拐弯处，火车经过这里都会减速，疲惫的乘客一看到这座房子就会精神一振，用来做广告是再好不过的了。

很快，他开始和一些大公司联系，推荐房屋正面这道极好的"广告墙"。后来，可口可乐公司看中了这个广告媒体，在3年租期内，支付给年轻人18万元租金……

这是一个绝对真实的故事。在这个世界上，发现就是成功之门。

我要对你说

"发现"是一件又玄又妙的事情，就像美玉深埋土中，无人问津，一旦发现，便价值连城。其实生活中不乏像美玉一样的机遇，关键是我们有没有细心发现。

重要的心境

凡 夫

苏格拉底还是单身时,和几个朋友一起住在一间只有七八平方米的房子里,他却总是乐呵呵的。有人问他:"那么多人挤在一起,连转个身都困难,有什么可高兴的?"苏格拉底说:"朋友们在一起,随时都可以交流思想,交流感情,这难道不是件很值得高兴的事吗?"

过了一段时间,朋友们都成了家,先后搬了出去,屋子里只剩下苏格拉底一个人,但他每天仍很快乐。那人又问:"你一个人孤孤单单的,有什么高兴的?"苏格拉底说:"我有很多书哇。一本书就是一位老师,和这么多老师在一起,我时时刻刻都可以向他们请教,这怎么不令人高兴呢?"

几年后,苏格拉底也成了家,搬进了7层高的大楼里,他的家在最底层。底层在这座楼里是最差的,不安静,不安全,也不卫生。那人见苏格拉底还是一副其乐融融的样子,便问:"你住这样的房子还快乐吗?"苏格拉底说:"你不知道一楼有多妙啊!比如,进门就是家,搬东西方便,朋友来访容易……特别让我满意的是,可以在空地上养花、种菜。这些乐趣呀,没法儿说!"

又过了一年,苏格拉底把一层的房子让给了一位朋友,自己搬到了楼房的最高层——因为这位朋友家里有一位偏

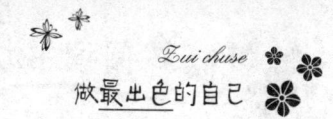

瘫的老人，上下楼不方便。

搬到顶层后，苏格拉底每天仍是快快乐乐的。那人揶揄地问他："先生，住7楼有哪些好处？"苏格拉底说："好处多着哩！仅举几例吧：每天上下几次，这是很好的锻炼，有利于身体健康；光线好，看书写文章不伤眼睛；没有人在头顶干扰，白天黑夜都非常安静。"

后来，那人遇到苏格拉底的学生柏拉图，他问："你的老师总是那么快乐，可我却觉得他每次所处的环境并不是那么好呀！"

柏拉图说："决定一个人心情的，不在于环境，而在于心境。"

  我要对你说

不管处在什么样的环境里，有一颗健康、乐观、开朗的心都是最重要的。因为心态决定一切，幸福只在一念之间。

吹散尴尬的阴云

蒋光宇

在滑铁卢战役大败拿破仑之后,英军总司令威灵顿公爵返回了伦敦,举办了一个相当隆重而盛大的庆祝晚宴,不但有很多参战立功的官兵参加了晚宴,而且还有许多各界名流到场。

晚宴的菜肴非常丰盛。吃点心前,在每一个人面前都摆了一碗清水。其中一名农家出身的士兵竟大大方方地端起来喝了一口。这个时候,在场的贵宾都窃笑不已,原来这碗水是在吃点心前洗手用的。这个士兵是因为不懂这种礼节才造成了这个笑话,当时羞得他不知所措。

就在这个尴尬的时刻,威灵顿公爵端起面前的那碗洗手水站起来说:"各位女士、先生们,让我们共同举杯为这位英勇的战士干一杯

吧!"一阵热烈的掌声后,大家举杯同饮。

不但那位士兵,在场的每一个人都被威灵顿公爵的友善、机智所感动。在宴会上巧妙地帮人摆脱尴尬的例子还有不少。

有一天,英国著名戏剧演员威尔主持宴会,突然接到通知,原来答应为他们祝福的牧师因有急事不能来了。这对举办宴会来说,无疑是一件有缺憾的事情。威尔不慌不忙地对大家说:"既然牧师不能来了,那就让我们自己来谢谢上帝吧!"主持人威尔将一件大家感到有缺憾的事情,轻而易举地变成了一件与上帝亲近的很荣幸的事情。

在招待卓别林吃烤鸭的宴会上,有人突然郑重其事地说:"卓别林是不吃烤鸭的,因为鸭子这种可爱的小生灵曾使他创造了夏洛尔的艺术形象。"此人说话之后,卓别林发现主人面有难色,便很快风趣地说:"他说的不错,以往我是不吃烤鸭,但我所不吃的烤鸭,只是美国烤鸭,桌上的北京烤鸭并不在内。"话刚说完,满座哄然,宾主尽欢。

其实,不仅是在宴会上,而且在很多场合,人们都会遇到令人尴尬的场面。只要人们多一些友善,多一些宽容,多一些智慧,尴尬的阴云就会被和煦的春风吹散。

 我要对你说

宽容能化解仇怨,微笑能照亮整个世界。幽默是智慧的副产品,它能在手足无措的尴尬瞬间化解一切。智慧和宽容,让世界如此轻松,如此美丽。

暗示的力量

鹿 鸣

美国是移民的天堂,但天堂里也有数不清的失意者,今年已经三十多岁的亨利就是其中的一个。

他靠失业救济金生活,整天无所事事地躺在公园的长椅上,无奈地看着树叶飘零和云朵飞走,感叹着命运对自己的不公。

有一天,他儿时的朋友切尼迫不及待地告诉他:"我看到一本杂志,里面有一篇文章说拿破仑有一个私生子流落到了美国,并且这个私生子又生了好几个儿子,他们的全部特征都跟你相似,个子矮小,讲一口带法国口音的英语。"

"真的是这样吗?"亨利半信半疑,但他还是愿意把这一切当作真

的。他掏出口袋里所有的零钱，用汉堡包和一杯可乐招待了切尼。

有很长一段时间亨利总在心里念叨着："我真的是拿破仑的孙子？"渐渐地，这挥之不去的意念终于使他确信了这是一个事实。

于是，亨利的人生整个被改变了，以前他因为个子矮小而充满自卑，而现在他因此感到自豪：我爷爷就是靠这种形象指挥千军万马的。以前他总觉得自己的英语发音不标准，像一个令人讨厌的乡巴佬，现在他却认为自己带一点法国口音的英语发音非常悦耳动听。在下决心开创一番事业的时候，因为是白手起家，他遇到了无数难以想象的困难，但他却充满了信心。他对自己说，在拿破仑的字典里找不到"难"这个字。就这样，凭着自己是拿破仑孙子的信念，他克服了种种困难，成为一家大公司的董事长，并且在他经常闲逛的那个公园对面，盖了一幢30层的办公大楼。

在公司成立10周年的日子，他请人去调查自己的身世，结论是他不是拿破仑的孙子。但亨利并没有因此而感到沮丧，他说："我是不是拿破仑的孙子已经不重要了，重要的是我明白了一个成功的道理：当你相信时，它就是真的。"

我要对你说

有人说，自信是成功的一半，只有抱着必胜的信心，才有力量去实现自己的目标。因此，只有肯定自身的价值，收获成功才不会遥远。

人生如打牌

萧 章

艾森豪威尔年轻的时候，经常和家人一起玩纸牌游戏。一天晚饭后，他和往常一样，又一次和家人一起打牌。谁知这一次他的运气特别差，每次抓到的都是很差的牌。开始他只是有些抱怨，到后来，他实在忍无可忍了，便发起了少爷脾气。

他母亲看不下去了，便正色说道："既然要打牌，你就必须用手中的牌打下去，不管你的牌是好是坏，好运气是不可能都让你碰上的！"

艾森豪威尔还是不理解，依然感到气愤。这时，他的母亲又说："人生就和打牌一样，发牌的是上帝，不管你手中的牌是好是坏，你都必须拿着，你都必须面对，你能做的，就是让浮躁的心平静下来，然后认真对待，把自己的牌打好，作最好的发挥，力争达到最好的效果。这样打牌、这样对待人生才有意义！"

艾森豪威尔觉得母亲的话不无道理，便一直牢记着母亲的这句话，用母亲的这句话激励自己的人生，不再一味地抱怨生活，而是以一种平静加进取的心态，以一种积极乐观的生活态度，去迎接人生中的每一次挑战，勇敢地面对人生中的挫折和不幸，尽自己的最大努力去做好人生的每一件事……就这样，他这个平民家庭出身的人，一步一个脚印地向前迈进，成为中校、盟军统帅，最终走进了美国的总统府，成了美国历史上的

第三十四任总统,并于 1956 年连任成功。

此后,艾森豪威尔还不时地提到这件事。艾森豪威尔去世以后,约翰逊给了他这样的评价:"勇敢和正直!"显然,他的这种勇敢和正直正是承袭了母亲当年的教诲。的确,人生如同打牌,你无权发牌,只能正视自己的运气,正视自己手里的牌,积极乐观地打下去,而且要尽自己的最大努力,去打好每一张牌,从而求得最好的效果,除此之外,你别无选择!

谁都不可能一直握有人生的好牌,好运气也不可能一直伴随着你,这正像生命中那些不可避免的风雨,我们只有两种选择,要么在雨中一味地抱怨、叹息,要么平心静气地去寻找一把雨伞,为自己撑开一片晴空。

飞吧，小猪

放 舟

在中国漫画拍卖会上，《玛塔》的封面被人以 2.4 万元的"天价"拍下。她的作者有着一个可爱的名字——猪乐桃。

猪乐桃，24 岁，漫坛"超级女生"。作品《高中 5 班日记》是国内第一部被电影公司购买电影改编权的漫画。2004 年，《尤米飞行日记》获得中国漫画年度奖；2005 年，《玛塔之灯塔岛历险记》获金龙奖最佳故事漫画金奖；2006 年，她荣任第三届金龙奖爱心亲善大使，"It's love"的形象代言人。

挡不住的狂爱

小猪出生在上海，在西双版纳度过了快乐的童年，后随父母辗转扬州、上海等地，最终定居北京。几次转学，有时她要留级，有时要跳级，学习成绩渐渐下滑加上异地的不适，使得她总是被同学排斥在外，成了一只孤独的猪。直到有一天小猪看到了《乱马》，虽是一本薄薄的小册子，但却翻开了小猪"漫画史"上的崭新一页。

漫画书看多了,小猪手痒痒,她开始作画啦!正值初中的小猪硬生生地拓下了一整本的《乱马》第一集,可是瘾还没过够,她居然还想画漫画。此后,教科书和作业本的空白处都布满了小猪的"大作"。同学们啧啧的称赞声,让小猪羞红了脸。不料,猪爸爸发现后气得直拍桌子,但小猪硬是铁了心,她发誓自己一定要在五年后发表一张彩稿!

日子飞快,职高毕业的小猪把导购、模特儿、文秘等工作都做了个遍,但对小猪来说,有什么比画漫画对她的吸引力更大呢?

1998年,机会终于来了。小猪偶然间看到了国内知名漫画家姚非拉征召助手的信息,兴奋得不得了。她一溜烟地跑回家,铺开一张大纸,把自己拿手的作品画在上面寄了出去,开始了忐忑的等待。

一天,有人敲门,小猪边揉着眼睛边接过信,居然是姚非拉工作室的录取信!姚非拉在信中说:"你写的信是应征助手信件中最大的一封。"

悲喜学艺路

小猪刚进 SUMMER 工作室时困难重重,从贴网到画背景,甚至边框都要师父西户教。西户是个挺搞笑的人,不过讲大道理时,西户还是经常把她训哭。训归训,小猪依然做得起劲儿,六点起床,一直到晚上11点才坐末班车回家。

当时漫画界很不景气,最艰难的时候,大家常是饿了喝点稀粥再坚持画画。但小猪从没想过放弃。

一年后,小猪终于发表了第一张彩稿。此后小猪的代表作《高中5班日记》相继刊出,小猪在漫画界初露锋芒。

2000年,她进入了北京林业大学学习。小猪开始在《新蕾》《漫友》等刊物上主持个人专栏……小猪说:"如果我没有坚持,可能到今天,我还是一只自卑的小猪。"

《玛塔》讲的是一个五年级的女生玛塔,带着宠物小猪嘟吧,随父

母从大城市移居到雷诺岛,并结识了许多岛上奇怪的居民,发生了很多妙趣横生的事情的故事。而后续篇《玛塔与黄金国》更精彩:漂流的小岛、消失的大陆、搞怪的探险家、万年沉睡的契约……更是妙趣横生,精彩纷呈。

小猪喜欢画那种长相比较特别的,甚至是有点"丑"的形象,你可以说她的作品缺乏美感,但人物超可爱的性格和外形却深深地吸引着人们。她说:"我一直靠本能画画,假如有一天我的性格变了,也就不会画出这样的漫画了。"

简单快乐就好

在小猪的漫画中,最耀眼的就是玛塔的宠物粉色小猪嘟吧,一个让人无法不爱的小可爱。小猪的自画像就是一只粉色猪仔。小猪说:"它就是我,我们都爱睡觉!"小时候的小猪胖乎乎的,于是"冬瓜猪"的名字就叫开了。后来小猪干脆取名"猪乐桃"。不过,现在的小猪绝对"骨感",形象好,还很有明星气质哦。

小猪,这个不知道东南西北,说完上半句常常忘记下半句的女孩,一直强调自己是个思维简单的女孩。画漫画以外,她兼职瑜伽教练;做蛋挞水平一流。北京签售会上,她亲手为粉丝们烤制的蛋挞让人口水直流……

2006年5月,担任了亲善大使后,小猪无论到哪里都会把爱心概念推出去,她不但把《玛塔》的封面所拍得的2.4万元全部资助了希望小学,还把版税拿出一部分作为慈善捐献。

5月27日到6月11日《玛塔》签名会连开五场。6月16日的"图书排行榜"中,《玛塔》荣登6月排行榜之儿童图书榜首,销售量超过了《哈利·波特》等超级畅销书。

小猪说,闪闪发光的荣誉对她而言并没有太大的吸引力,漫画带来的快乐和幸福感才是最重要的。

  我要对你说

执着于梦想的人是幸福的,他的内心是充实而美丽的。正因为人有了魂牵梦萦的梦想,生命中的烦恼才会变得无足轻重。苦痛才会随风而逝,也许这就是所谓的梦想的力量吧!

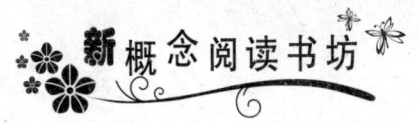

自己的位置

赵培光

从前，上影院里看电影，进门的第一件事是找座位。座位找好了，倘若时间还早，便不急着坐下，而是四处走走，当然要上趟厕所或瞅一眼海报什么的。待二遍铃声响过之后，才从从容容地朝自己的座位走去，万无一失。偶尔进门晚了，也不慌张，有拿着手电的人笑模笑样地立在那儿呢，上前问一句，自会引我深脚浅脚地穿越黑暗，之后以一柱灯光指明与我票号相符的座号。

影院里的位置，是我花钱买来的，暂时归我享用，谁也侵占不了。我不太喜欢看露天电影，怕是与我自己的位置得不到保障有关。记忆里，天色未晚，几个伙伴已在幕布前占据了最佳位置。天擦黑了，四面八方的人也都一阵阵涌来，黑压压地竟如潮水一般，而我不过是那水中小小的一滴，尽管百般挣扎，终归裹挟到角落中。再看自己——败了的伤兵一样，帽子歪了，鞋带开了，皮肉隐隐地疼，还剩多少看电影的心情呢？

相比之下，我更愿意花钱看电影。不过，现在的影院里

已很少对号入座了。有时候，我走进观众稀落落的放映厅，习惯性地按号索座，那先到的人在起身让座之际，免不了赠我一脸狐疑。我被搞得很尴尬，那情形有如我撑伞走在雨中，走啊走啊，忽然路人问我，雨停半天了你怎么还撑着伞……

其实，在逝去的三十几年里，我一直是这么过来的。

我好像从懂事的时候起，就开始在生活中，为自己找位置。申明一句，我所说的位置，不是角色。于我个人而言，我只能够有一个位置；于社会而言，我可以有无数个角色。更具体地说，在父亲面前，我是孩子；在孩子面前，我是父亲。在弟弟面前，我是哥哥；在哥哥面前，我是弟弟。在老师面前，我是学生；在学生面前，我是老师。在编辑面前，我是作者；在作者面前，我是编辑。亦即在不同的时间，不同的场合，我的角色也随时随地更换。这是角色问题。进一步追究，我在我自己面前，我是谁呢？我在哪一个位置上呢？

一想到这个位置，我则茫然。

我曾经勤勉地练琴，琴不离手，曲不离口，我找到了琴师的位置了吗？

我曾经拼命地劳作，背对蓝天，面向黄土，我找到了知青的位置了吗？

我曾经痴迷地写诗，春夏秋冬，日里夜里，我找到了诗人的位置了吗？

那一个下午，我独自倚在办公楼的铁框子窗边，遥望高空的静静的云，静静地游来游去，可惜我不是那云。和这种情形差不多的一个下午，阔别多年的老友突然来看我，说我除了发胖些外，我的办公室甚至我办公时的神态都没有改变。一下子，我内心晦暗起来。哦，坐在一把椅子上久了，便"坐"

出了一种简单的人生。

　　这就是我的位置？肯定不是。因为我知道，我一直在寻找。深邃的伍尔夫渴望"一间自己的屋子"，用来进行她女性的平静而客观的思考。我虽凡庸，也想要一个自己的位置，以便安顿我男性的醉醉醒醒的灵魂。那么，如果我人生的位置，能像早年看电影，一进入影院，便有一只手电筒等在那里，我就不至于这般辛苦了。

　　叩问岁月，可留了一个位置给我？

我要对你说

　　人的一生，总是处于纷繁复杂的社会网络之中，每个人所扮演的角色也是多种多样，因此常常在角色的转换中迷失了自己的方向，丢失了自己的位置。这个时候应该做的，是静下心来，重新梳理自己的心绪，找准自己的位置，在人生航道上向目标前行。

自信是动力之源

茂 林

2001年5月20日,美国一位名叫乔治·赫伯特的推销员,成功地把一把斧子推销给小布什总统。布鲁金斯学会得知这一消息,把刻有"最伟大推销员"的一只金靴子赠予了他。这是自1975年以来,该学会的一名学员成功地把一台微型录音机卖给尼克松后,又一学员踏进如此高的门槛。

布鲁金斯学会以培养世界上最杰出的推销员著称于世。它有一个传统,在每期学员毕业时,设计一道最能体现推销员能力的实习题,让学生去完成。克林顿当政期间,他们出了这么一个题目:请把一条三角裤推销给现任总统。八年间,有无数个学员为此绞尽脑汁。可是,最后都无功而返。克林顿卸任后,布鲁金斯学会把题目换成:请把一把斧子推销给小布什总统。

鉴于前八年的失败与教训,许多学员知难而退。个别学员甚至认为,这道毕业实习题会和克林顿当政期间一样毫无结果。因为现在的总统什么都不缺少,再说即使缺少,也用不着他们亲自购买。

然而,乔治·赫伯特却做到了,并且没有花多少工夫。一位记者在采访他的时候,他

是这样说的：我认为，把一把斧子推销给小布什总统是完全可能的，因为布什总统在得克萨斯州有一个农场，里面长着许多树。于是我给他写了一封信，说："有一次，我有幸参观您的农场，发现里面长着许多大树，有些已经死掉，木质已变得松软。我想，您一定需要一把小斧头，但是从您现在的体质来看，这种小斧头显然太轻，因此您仍然需要一把不甚锋利的老斧头，现在我这儿正好有一把这样的斧头，很适合砍伐枯树。假若你有兴趣的话，请按这封信所留的信箱，给予回复……"最后他就给我汇来了15美元。

乔治·赫伯特成功后，布鲁金斯学会在表彰他的时候说，金靴子奖已空置了26年，26年间，布鲁金斯学会培养了数以万计的推销员，造就了数以百计的百万富翁，这只金靴子之所以没有授予他们，是因为我们一直想寻找这么一个人，这个人不因有人说某一目标不能实现而放弃，不因某件事情难以办到而失去自信。

有些事情并非如我们想象中那样困难，只因为你缺乏自信，没有迈出尝试的第一步。美国作家爱默生说："自信是成功的第一秘诀。"自信是开启成功之门的钥匙，拥有自信，就拥有无限可能的机会。没有自信，成功远在天涯；拥有自信，你已成功了一半。

大器之材

张 曙

1965年,我在西雅图景岭学校图书馆担任管理员。一天,有同事推荐一个四年级学生来图书馆帮忙,并说这个孩子聪颖好学。

不久,一个瘦小的男孩来了,我先给他讲了图书分类法,然后让他把已归还图书馆却放错了位置的图书放回原处。

小男孩问:"是像当侦探一样吗?"我回答:"那当然。"接着,男孩不遗余力地在书架的迷宫中穿来插去。小休时,他已找出了三本放错地方的图书。

第二天他来得更早,而且更不遗余力。干完一天的活儿后,他正式请求我让他担任图书管理员。又过了两个星期,他突然邀请我上他家做客。吃晚饭时,孩子的母亲告诉我他们要搬家了,到附近一个住宅区,孩子听说转校却担心:"我走了谁来整理那些站错队的书呢?"

我一直记挂着他,但没过多久,他又在我的图书馆门口出现了,并欣喜地告诉

我，那边的图书馆不让学生干，妈妈把他转回我们这边来上学，由他爸爸用车接送。"如果爸爸不带我，我就走路来。"

其实，我当时心里便应该有数，这小家伙决心如此坚定，像他这样，天下则无不可为之事。可我没想到他会成为信息时代的天才、微软公司老板、美国首富——比尔·盖茨。

 我要对你说

一些人之所以能成功，其实在其青少年时期就已经显露端倪，中国有句古语"三岁看大，七岁看老"。说得也是这个道理。一个人能否成为一个罕有的人才，往往取决于其少年时期秉性品质的养成。比尔·盖茨的坚定和聪慧为他创造了举世无双的财富。

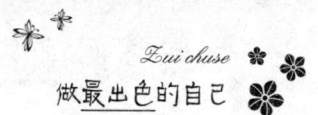

明确的目标是成功的起点

苏 慧

华特·克莱斯勒用毕生的积蓄买了一部车,他想,要从事汽车制造,就必须彻底了解汽车的构造与性能。他把汽车拆开,再重新组合起来,这样就耗费了许多时间。他的举动使朋友们感到非常惊异,大家都认为他的心理有问题。但是,他却依然如故,费尽心血,始终如一地钻研汽车构造,终于开发出性能更加优良的新车型。投放市场后大受欢迎。后来,他成立的企业终于在汽车制造行业赢得了一席之地。

我要对你说

成功的起点并不在于你手中的资源有多少,也不在于你为此铺设的道路有多宽阔,而是在于你在最初是否有一个明确的目标。当你有了一个明确坚定的梦想以后,那么所有的困难于你都是"蚍蜉撼树"。

角 度

张丽钧

我为同学们提供了这样一则作文材料,让大家开动脑筋确定立意角度。

在我国的广西南宁曾举行过一次"创造学"学术讨论会,大会邀请了日本创造学研究专家村上幸雄先生作专题讲座。会间,村上幸雄先生拿出了一把曲别针,让大家用创造性思维设计出它的各种用途。大家踊跃发言,提出了种种设想:别照片,做钩针,磨成鱼钩去钓鱼……村上幸雄宣称他能说出曲别针的300种用途。这时候,台下一位名叫许国泰的先生递上一张条子说,曲别针的用途可以有3000种、30000种。结果,村上幸雄从讲台上走了下来,让位于许国泰。许国泰先用"钩、挂、别、联"四个字概括出曲别针的用途,然后提出曲别针一种又一种

人们意想不到的作用:弯成数字进行运算,做成字母进行拼读,与硫酸反应产生氢气,与其他单质混合组成合金……

面对这样一则材料,同学们所确定的立意角度有很多:要敢于挑战权威;发散思维魅力无穷;许国泰为国争光;村上幸雄太"栽面"……

我说:当然,你们说的都有道理。但是,让我感到遗憾的是,你们当中竟没有人能够找到我十分欣赏的那个角度:村上幸雄

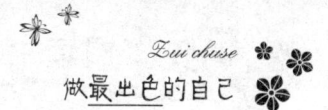

气度不凡,勇于将尊贵的学术讲坛让位于一个普通听众。

你们想想看,为了捍卫自己的学术尊严,村上幸雄本可以置那张纸条于不顾,或者轻描淡写地将写纸条的人夸奖几句,然后,继续自己早已准备好了的精彩演说。但是,村上幸雄很"傻",面对这个从半路上杀出来的程咬金,他不但没有愠怒反感,反而心平气和地和他来了个大换位。

虽然我们都没有亲临会议的现场,但我们可以猜想那一刻大家的目光一定完全被许国泰吸引过去了。那么,彼时彼刻的村上幸雄该是怎样的一种想法呢?大家不妨试着猜猜看:一、因为被别人抢了风头而伤怀失落。二、为自己考虑问题不及他人周全而感到羞愧汗颜。三、下决心向许国泰先生学习,赶上并超过他。四、告诫自己强中更有强中手,以后说话办事要慎之又慎。五、今后再也不举"曲别针"这个倒霉的例子了……就像曲别针的用途一下子难以说尽一样,村上幸雄可能产生的想法也是难以说尽的。在上述这些"可能"当中,依然没有列举到我最期待出现的那种可能,而那种可能的可能性之大,远远超过了其他的可能。那种可能就是——村上幸雄万分惊喜地聆听着许国泰的讲解,内心

充满了深深的欢跃与自豪,因为,关于曲别针的话题是他挑起来的,他希望看到的结果就是与会者群情激越,才思飞扬。作为一个点燃了烟花"芯子"的人,那烟花燃放得越美艳灿烂他就越有成就感,何况,这个讲坛是他大度地让出的空间,那华彩的闪现是对他明智退避的最高褒扬。

——看一则材料可以有无数个角度,而你所选中的那个角度透彻地说出了你的价值取向,也彻底地暴露了你看世界的眼神。

我要对你说

我们每个人都是从自己的角度来看待这个世界的,心态好的人总会发现生活中那点点滴滴的美好,心态不好的人却只会抱怨生活的不公;善良豁达的人总能发现他人的优点,刻薄的人却总是对别人吹毛求疵。这也许就是古语所说的"仁者见仁,智者见智"吧。

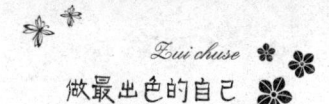

备份人生

马国福

有个朋友在一家电脑公司上班。公司里许多软件、文件、资料都集中在他的电脑里，他处在一个关键的位置上，如果工作中他在某个环节出问题，后果是很严重的。两年下来他给公司创造了不少效益，公司董事会准备提拔他为总经理助理。

一天下午下班后他接到总经理的一项突击任务，第二天上班前必须按经理给他的策划标书连夜制作好一份重要的投标文件，那个项目直接关系到公司今后的发展，也关系到他的提拔重用。下班后他顾不上吃饭，废寝忘食地编制标书，丝毫不敢马虎大意，每一个数字、图案甚至标点他都一丝不苟，唯恐有个闪失。到了午夜就在他大功快告成的时候，意想不到的事发生了，公司所在的地区突然停电，电脑突然断电将他精心编制的标书和文件全部自动丢失。遗憾的是他的电脑没有自动保存备份功能，眨眼间他的心血化为乌有。他在电脑前整整等了一夜，还是没有来电。等第二天恢复通电后他赶忙按昨夜的创意文案编出标书时，招标方确定的时间早已过去了，他们已失去

了投标的资格。

他一时的疏忽给公司带来了巨大的损失。后来他不但没有得到提拔反而被公司因责任心不够强的理由辞退了。他怀着悔恨的心情离开了公司，临别时总经理语重心长地对他说："按能力、学识我们都信任你，但在这个瞬息万变的时代，竞争日趋激烈的社会光有能力和学识是远远不够的。假如你多一份责任，在编标制作文案的中途备份那些失去的资料，结果会完全不一样。我们不得不遗憾地做出这样的决定，希望你以后不论走到哪里多给自己备份一个心眼儿、一份责任，这是非常重要的！"

有一次我和那位朋友聊天，话题无意中谈到一些生活中意料之外的事，他不无遗憾地说："如果我当初给自己备份一份责任，我早已是总经理助理了。从那以后我就时刻提醒自己，无论做什么都要备份人生，备份影响我们的责任、毅力、学识、智慧。"

听了他的故事我也在心里提醒自己：在生命之电不济时，对付意料之外的厄运最好的办法就是备份人生，在人生的死胡同给自己留一条打开成功之门的出路，接纳躲在墙外的阳光。

 我要对你说

成功是属于有准备的人的。人生中总是充满了偶然和意外，当命运的玩笑和你不期而遇时，你只需从你曾备份下的人生中抽出一份智慧、一份从容，你就可以以轻松的态度面对它了。

第三章 Chapter 3

可贵的知难而退

记着,只有早于朝阳启程,才能够拥抱日出,才能够拥有朝阳般的人生。

午茶喝出诺贝尔奖

田 稼

英国人的骄傲是他们有世界上最古老的大学——创立于1209年的剑桥大学。为了保证该大学在大英帝国和世界上的领先地位，院方就要让"天下英雄尽入其中"。

要招徕天下英雄，也非一件容易之事。于是，有人建议：学校出资，让教授们来喝下午茶，校方欣然采纳，于是源自于英国平民和贵族的下午茶生活方式自然而然地转移到了剑桥和其他大学，成为一种制度和呼声："来吧，来喝下午茶，不付费。"这个神来的创意很快付诸实施，到今天已喝出价值连城的成果。

剑桥学府喝下午茶喝得有滋有味并喝出了很大名堂的，要数剑桥分子生物实验室（MRC）。20世纪70年代末的一个秋日下午，坐在剑桥校园那红褐色砖楼里悠然地品着下午茶的 F. 桑格一边听着同行和其他

系的教授的高谈阔论，一边若有所思地想着什么。他是 MRC 的顶尖教授，但为人谦虚温和，他已经获得过1958年的诺贝尔化学奖，因为他成功地测定了胰岛素的一级结构。桑格注视着窗外一幢建筑物上快要落叶凋零的爬山虎。虽然爬山虎凋零了，明年春天它还会发芽的，

可是核酸的结构会是什么样子呢？该不会是像爬山虎那样沿着一个方向向前延伸吧？桑格联想着自己的研究，并向一起喝茶的教授们说着自己的想法。

物理系一名叫彼得的教授向他建议："何不用物理的方法来测核酸结构。"

这时化学系的一名教授也插上了嘴。化学的普通方法也可以用，比如荧光染色。生物系的另一名白胡子教授听到了他感兴趣的话题，凑了过来。"是啊，革兰氏染色就很有效果，还有富尔根染色，染色后都能见到细胞核的核质。如果这样，测定 DNA 的核苷酸序列可能会容易一些。"

这时，茶室内所有人的注意力都集中到桑格的话题上来了。大家都在替桑格想主意，并几乎异口同声地说："干吧，没准你又会获得一次诺贝尔奖。在你之前只有法国人居里夫人，还有美国人鲍林教授两次获得诺贝尔奖（居里夫人 1903 年获诺贝尔物理学奖，1911 年获诺贝尔化学奖；鲍林 1954 年获诺贝尔化学奖，1962 年获诺贝尔和平奖）。"

下午茶喝罢，笼罩在桑格研究思路上面的雾霭渐渐淡化，想法越来越清楚，实验设计也出来了，而且初试效果不错。他选的是一种简单的噬菌体，其 DNA 比较容易测序，而且在方法上采用了以前从未用过的直读法，测定噬菌体的 DNA 分子的核苷序进展慢慢顺利起来，速度也加快了。也就是过了一年多的时间，那一天，他终于发现自己和助手们完成了噬菌体的所有 DNA 核苷酸的测序。实验结果也发表到了世界权威的《自然》杂志。

接下来就该是收获的季节了，1980 年 10 月的第二周，还在梦乡中酣睡的桑格被同事和朋友的电话吵醒了："祝贺你，第二次获得诺贝尔化学奖！"

第二天的下午茶时间，桑格还是那么谦虚地对大家说："荣誉是 MRC 的，也是剑桥的。它为我们创造了这么自由的研究环境，包括让我们每天来喝下午茶。"

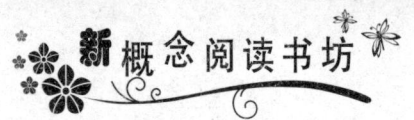

剑桥的下午茶让校方和学者们各得益彰，即使喝下午茶获得的创意并非在后来都可能获得诺贝尔奖，但他们在喝下午茶时提出的创意的潜在重要性都是不可低估的。所以剑桥校方逢人便不无骄傲地说："瞧，喝下午茶，我们就喝出了六十多名诺贝尔奖获得者。"

我要对你说

学术上的奋斗，不用殚精竭虑，废寝忘食。有时适当的休闲会使大脑达到意想不到的境界。在中午的时间，放下工作、放弃负担，休息、娱乐一下，轻松的头脑也许会还你一个不同的天地。

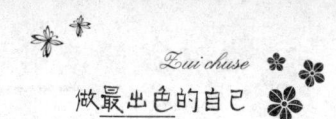

迟到是一种病

张丽钧

做班主任的时候，我发现班上有两个学生几乎"买断"了迟到。雨天迟到，晴天也迟到；有了不高兴的事迟到，有了高兴的事也迟到。我跟他们说："我非把你们这毛病板过来不可！我就不信这个邪！"我让他们写"保证书"，如果谁再迟到就罚做一周的值日生；我找他们的家长，希望得到他们的积极配合；我煞费苦心地在早晨5点40分就带着他们到学校旁边的牛肉面摊上去，让卖板面的师傅亲口告诉他们说："我每天早晨5点以前必须起床，准备出摊，风雨无阻。"……总之，我用尽了所有的办法，想要把他们迟到的毛病修正过来。但是，我发现我并没有获得真正的成功，因为在他们刚有了进步不久班级就换了班主任，而新班主任很快就发现了班上有两个"迟到专业户"。

现在，我的这两个学生都已经不再是学生了。不久前，我得知其中一个人下了岗，另一个人在单位混得很差。作为深谙他们性格缺点的老师，我为他们人生的失意感到难过；也巴望着通过对他们以及他们难以作别的"迟到"的审视与挞伐，使更多的人及早警醒，向"迟到"宣战，全力捣毁这

个有可能带来"溃堤"之患的蚁穴。

　　只要你留意观察,你就会发现,在我们的身边,总有一些喜欢迟到的人。认真分析这些人,你会发现他们有着以下的一些特点:

　　一、迁就自我。人都是有惰性的,优秀的人总是设法去战胜自身的惰性,而惯于迟到的人却一味地怜悯自己,姑息自己——多赖一会儿床,磨蹭着做一件事,他心底有个他自己都不愿意承认的声音:"总要等到迟到才好啊!"他是一个善于向自己妥协的人,时间的标尺被他机巧地换成了疲沓的松紧带。他生命的血性与锐气就在一次次迟到中磨损,直至必然地约会到失败。

　　二、投机心理。最初的迟到,可能也伴随着愧疚与自责,但后来,投机与侥幸的心理越来越严重。昨天迟到遭到了斥责,今天,他会怀着一种可笑的心态哄骗自己说:"今天未必会给抓到吧?"这样的心态,还必然扩大到其他方面——做事,爱耍偷梁换柱的伎俩,做人,爱玩瞒天过海的把戏。

三、责任感缺失。人活在世上，首先应该对自我负责——对自我的形象负责，对自我的成败负责，对自我的人生负责。惯于迟到的人，不愿意担负起这份责任。他钟情于摆脱了责任后的那种轻松自在。尽管他明白"习惯性迟到"终将使他"尊严扫地"，但他宁愿要这样一个结局，也不愿意让"责任"压痛自己的肩膀。这样的人，永远难担大任。

看，迟到是一种多么可怕的疾病！

人生本是不可以迟到的。学生时代的迟到，是知识在你心灵的迟到；职业生涯中的迟到，是成功在你人生中的迟到。时间在你的腕上，时间在你的眼中，时间更在你的骨里、心里。既然一定要奔赴一个邀请，为什么不早一些出发？"成功"是一个大步流星的行者，你必须拼命与时间赛跑，才可能撵上它。别让迟到缠上你，别让人从你一次次的迟到中读出你的慵懒疲沓，你的冥顽荒唐，你的庸碌无能。

记着，只有早于朝阳启程，才能够拥抱日出，才能够拥有朝阳般的人生。

  迟到一次并不可怕，可怕的是长久的迟到，犯错一次并不糟糕，糟糕的是一直错下去，一旦生活中的细节变成了习惯，影响便难以估量了。

本 色

顾 欣

柏林是美国历史上著名的作曲家。他刚出道的时候,一个月的收入只有 120 美元。当时在音乐界正如日中天的奥特雷很欣赏柏林的能力,就问柏林是否愿意做他的秘书,每月的薪水有 800 美元。

"如果你接受的话,你可能会变成一个二流的奥特雷;但如果你坚持自己的本色,总有一天会出现一个一流的柏林。"奥特雷忠告他。柏林最后接受了忠告,没有去做奥特雷的秘书,而是继续执着地走着自己的音乐道路,并最终成为了著名的音乐家。

其实,每一位成功者,成功的原因,不外乎就是保持自己的本色,并把它发挥得淋漓尽致。伟大的喜剧演员卓别林刚踏入影坛时,导演坚

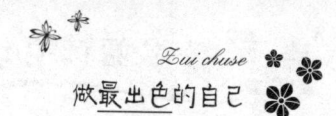

持要他学当时非常有名的一位德国喜剧演员,但卓别林不为所动,潜心创造出属于自己的表演方式,终于成为一代喜剧大师。这大千世界,有许多美妙的东西,可是,除非你耕作一块属于自己的田地,否则是绝无好收成的。

一个人有一个人的天性,一个人有一个人的活法。这个世界上独一无二的你,需要保持本色。

我要对你说

世界上没有完全相同的两片叶子。每一个人都是这尘世间独特的个体,每人的人生道路是不同的,只有保持自己的本色,才能让人看得出你的精彩。如果你是鱼,潜游水底才是你的生活,何必非要奔跑原野、翱翔天际?

扮演成功

林 夕

那年我大学毕业不久,在一家报社驻外记者站工作。帆是我的上司,当时他才27岁,是报社最年轻的负责人。他的工作方法很与众不同。记得他布置我第一个任务是,把资产在千万以上的企业总裁做一个名录给他。

一个星期后,我把帆要的"黑名单"整理好交给他。他逐一研究了一番,锁定目标,准备开始行动。行动之前,他做了两件事,一是把办公室搬到一家四星级大酒店。他原意是去五星级酒店,总社没同意,他才罢手。二是通过朋友关系以极低的价格租了一辆丰田轿车。两项支出加起来,一年的办公经费所剩无几。

虽然新办公室宽敞舒适,出门又有车坐,但为此花掉全年的办公经费,也太浪费了吧!我们又不是做生意,有必要这么装点门面吗?我满怀疑虑。

帆却不以为然。

"我们要想活,就必须弄到好新闻,把报纸卖掉。这不就是做生意吗!"说到这儿,帆停顿了一下,又说:"不过就目前而言,光靠卖新闻赚不了钱,我们得通过新闻采访建立人际关系,人际关系就是钱啊!"

"那还不好办,新闻界有一句戏言,要想认识谁,就去采访谁。"我不屑地道。

帆看看我,不无嘲讽地说:"那好,我问你,怎么去?坐11路(指步行)?"

见我沉默不语,帆又提高声音继续说道:"我们不仅要'认识',还要把人际关系弄'结实'。可谁愿意和穷人交朋友呢?人的眼睛习惯向上看,这是人的本性。你不能改变人性,只能改变自己。"

当帆开着丰田车带我去采访他亲自锁定的目标——一家钢铁企业集团总裁时,受到的待遇确实不一样。总裁不仅亲自出马,采访结束时还特意请我们去五星级酒店,喝的是五粮液。酒是最能滋生灵感的东西,加上帆本来就是谈话高手,看似漫不经心,实则深藏玄机,每一句都深思熟虑,恰到好处,起到了该起的作用。总裁大有相见恨晚之感,一高兴又要了瓶五粮液。快结束时,趁总裁不注意,帆把随身带的公文包给我,悄声说:"包里有支票,你出去把账结了。"

当酒宴结束总裁喊"埋单"时,侍者走过来用手指指我:"这位女士已经把账结了。"

我这辈子也忘不了他当时的表情,不亚于"9·11"。惊愕在他脸上停留了足有五六秒钟,才渐渐散去。他感叹道:"这是我这么多年和新闻界吃饭第一次没埋单。"

我不禁有些脸红。没想到新闻界在企业家眼里竟如此形象。也难怪,因为媒体的传播功能,对企业的报道客观上起着宣传扬名的功能,不向企业收费已经有些心痛,吃顿饭何足挂齿。这也是我在新闻界这么多年第一次没"白吃"。三千多元的餐费让我心痛了好几天,但比起后来的收益就算不了什么了。

交往不到三个月,帆和那位总裁把五粮液换成了二锅头。通常情况下,友情和餐费是成反比的。所以当总裁又一次拍

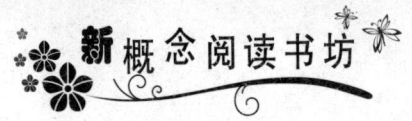

着帆的肩膀说"兄弟,有事吱一声",帆就很随意地提起一位在俄罗斯做生意的同学,手里有一批废旧钢轨。总裁二话没说,爽快地答应道:"没问题,你让他报个价。"

帆几乎没费什么劲儿就做成了这笔生意。他还主动提出如果资金紧张可以以物抵款。总裁自然是乐不可支,把抵债来的三辆轿车折价给帆。帆用其中的两辆换成皮大衣和手套发回俄罗斯抵货款,留下一辆做我们的办公用车。

如果不是亲眼所见,我怎么也不相信这样的事实。当我们第一次开着自己的车去采访时,我忽然间明白了,其实成功非常简单,就是在成功之前扮演成功。

我要对你说

成功并不困难,难的是成功之前的准备。只要你能踏平成功之路上那片片荆棘,它就会变得平坦、开阔,不费吹灰之力就可以走完全程,摘到那甘甜可口的成功果实。

做好一件事

栖 云

风风火火跑到楼下的美发厅,老板小亮我早就认识,所以劈头便提问:10分钟,10分钟修剪一下头发,时间够不够啊?我要赶车。

我有福,那一刻他正巧结束手里的活儿。"洗头吧。"他不慌不忙地回答。

洗发、半吹干、用卡子盘出层次,我一看手表,时间已经过去5分钟。剩余5分钟,能行吗?头发在人家手中紧握,生杀大权,身不由己啊!虽然心里猴急猴急的,脸上却收敛住。

既然来剪头,就安心把头发剪好。是吧,姐。

嘘,我晕。

我感到随着小亮剪子的移动,头皮阵阵冒汗。还剩3分钟,还剩2分钟,哥们,行行好,随便剪剪就行啦。宁少一剪子,毋误半分钟。

那可不行,你往车上一坐,人家都问,哪儿剪的头啊,我的生意不砸啦?

大可放心,我不说,打死也不说。

那也不行,我心不安,不能因为你忙,我就欠你内疚。你我都不公平。

我是自愿的,求求你行吗?

我的耐心已经到达极限，还剩1分钟了，他还搬着我的脑袋左相右看，拿个推子绣花似的一丝一丝处理。嘴里慢吞吞往外吐字：别急呀，小心剪了你的耳朵。

哇呀，不剪耳朵要夺命，害死我了。

什么叫栽，急到临死关头，人家没有一丁点儿同情心。

10分钟到，披肩撤。好啦，快走。

飘逸、隽永、柔顺。我，起死回生，上车。

小亮每天都固守在美发厅内，剪发哲学是，所有剪出的头都是送出去的名片，印刷体，决不毛糙。他的店门口挂着名店的牌匾，还有一块黑色炫目的牌子：剪好头，做好人。

仔细想想，一生能一直做一件事，并且保证做好这件事，非常不易。做好了，自然就成为好人了。

我要对你说

用一生做一件事也许不难，但用一生做好一件事就不一定如想象中那般简单。正因如此，我们要更加用心地生活，更加努力地工作。当我们步入人生的冬季，走向生命的黄昏时，便可以欣慰地告诉自己，我用一生的时间做好了一件事。

可贵的知难而退

崔修建

参加某公司业务部门经理一职的竞聘者经过几轮激烈的竞争,有6名佼佼者脱颖而出,开始最后一轮的角逐。

主考提出了这样的考题——如果公司只拥有10万元的资本,但却要做需投资1000万元的项目,该如何运作?

于是,几位竞争者广开思路,各施绝技,纷纷亮出自己的设想。主考面带微笑、不断颔首地听完了前5位竞聘者的慷慨陈词,然后,将目光转向眼睛不时地扫视着地面的最后一位。

这位年轻人缓缓地站起来,平静地道出自己简单的想法——既然资本有限,就应该量力而行,放弃那个诱惑人的大项目。

这不是知难而退吗?众人一片哗然。

"你真的是这么想的?你不觉得放弃这样一个大项目太可惜了吗?"

主考盯着年轻人的眼睛追问。"这是我反复思考后所做的抉择,如果我是决策者,我一定会坚持它。"年轻人充满自信地回答。

"回答得非常好!"主考脱口

赞叹。

众人不解地望着主考，以为自己的耳朵出了毛病。主考欣然解释道："知难而进，固然可贵，然而作为一个决策者，能够审时度势，知难而退，则更为难得，因为这除了需要更多的智慧，还需要足够的勇气。"

片刻的沉默后，热烈的掌声响起，诸位竞聘者心悦诚服地祝贺最终取胜的那位年轻人。

没错，我们在生活中，常常会面临很多的局限。如果不能冷静地思考，只凭着一时脑袋发热，一味地逞能，非要知难而进，极有可能遭致惨重的失败；相反，如果能够在一些巨大的利益诱惑面前摆正位置，量力而行，就会稳扎稳打，一步步走向更大的成功。

有这样一句诗——"有些退却，其实正是前进"，说的正是此理。

知难而进自有知难而进的闪光之处，但有些时候，知难而退却更显明智。当外界条件不允许我们前进时，唯有全身而退才是保存实力的万全之策。而此时的"退"正是为了将来的"进"。

推太阳下山

邹扶澜

一个船夫摇着一只小船在大海中前进,浪花不断地向小船涌来,小船随着波浪微微地摇晃。一只海鸥栖在船夫的肩头,对他说:"你多幸福啊,大海摇荡着你,就像在打秋千似的。"

船夫听了,摇摇头笑着说:"不对,是我在摇荡着大海!你看,大海的波涛都被我摇起来了。"

所谓的大与小、弱与强,很多时候都是依照人们的感官和习惯定论的。只要你不甘示弱,那么,弱小又从何谈起呢?

晏子使楚的故事人人皆知:晏子身材矮小,楚人为了戏弄他,在城墙大门一侧造了一个小门,让他进去。晏子不进,说道:"使狗国者,从狗门入;今臣使楚,不当从此门入。"寥寥数语,犀利尖锐,让楚国自取其辱,只得开大门让其通行。身材矮小,但心不能小,睥睨对方的勇气与信念不能小。试想,要是晏子当初一言不发地从小门进去了,又怎么会留下这彪炳千古的史话?

面对即落崦嵫的夕阳,失意的人往往怅惘沮丧不已,可是对于那些积极乐观的人来说,却不是这样——

"我向天涯走一步,天涯向后退一步。太阳不是自己落下山去的,而是我把它推下去的,

看看我的力量有多大!"

说得真好,只要你向前走,天涯就会往后退,在你昂然自信的步伐面前,天神都对你畏惧。

所以,再不要说自己怎样微小,你的心里原本就蕴藏着无坚不摧的力量,它不仅能使大海起浪,山林震撼,还能把太阳推下山去!

从船夫摇荡大海到晏子出使楚国,再到推太阳下山,我们看到了弱小生命爆发出的无坚不摧的潜能。所以,再不要说自己的力量微小,只要我们自信地向前走,就能战胜一切困难。

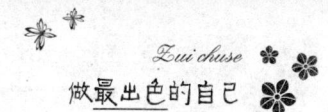

输赢的距离

若风尘

顺利进入这家单位的复试,我反而感受不到一丝轻松,因为我发现对手——一位姓王的先生实在是太优秀了,而这家单位招聘的业务主管,只能是一人。

工作人员对我们说,总经理让你们去8楼一趟,805房间,他在那里等你们。我和那位姓王的先生几乎同时走到了电梯口。天!人真是太多了,有跑业务归来满脸大汗的小伙子,有一脸焦急的客户,把两个电梯口堵得水泄不通。一拨人进去,又一拨人过来。照此速度,没有10分钟是上不去的。"我可要上去了。"焦急万分的我对站在最外面镇定自若的王先生说。"你的意思是……哦!"他一下明白了,颇有风度地说,"请便吧!"很显然,他怕登楼的狼狈模样影响了他的形象。

1楼、2楼、3楼……爬到8楼时,我已气喘吁吁。抹去额上的汗水,深吸一口气,稳定了一下情绪,我推开了房门,然后和总经理礼貌地握手问好。"你是步行上来的吧?"总经理看了一眼我微笑地问。我只得点头,心想完了,还是给瞧出来了。这时,门外响起了有节奏的敲门声,是王先生。然后,他与总经理谈笑自如地闲

聊着。

三天后，我接到了那家单位的通知，并如愿以偿地担任了主管职位。然而，优秀的王先生却意外地落选了。

当我诧异地问其中的缘由时，总经理微微一笑说："原因很简单，你比他快了5分钟。在成功的路上，这就是输和赢之间的距离，更重要的是你在行动，而他却在等。"

与其浪费时间等待、观望，不如付出行动、努力去争取。只有这样，我们才会接近成功。因为成功是从来不会主动送上门的，它需要你想尽办法，倾尽全力地追寻。

让别人开口说"是"

卡耐基

跟人们谈话时,别开始就谈你们意见相左的事,不妨谈些彼此间赞同的事情。如果可能的话,你更应该提出你的见解,告诉对方,你们所追求的是同一个目标,所差异的只是方法而已。奥弗斯德教授在《影响人类行为》中说过:"一个'不'字的反应,是最不容易克服的障碍,当一个人说出'不'字后,为了自己人格的尊严,他就不得不坚持到底。"

西屋公司推销员艾力逊负责的推销区域,住着一位有钱的大企业家史密斯先生。公司极想卖给他一批货物,过去那位推销员几乎花了十年时间,却始终没有谈成一笔交易。艾力逊接管这一地区后,花了三年时间,对方才买了几台发动机。他想如果这次买卖做成,发动机没有毛病,以后就可以向他推销几百台发动机。

可是,他高兴得似乎太早了,史密斯先生见到他就说:"艾力逊,我们不能再多买你的发动机了。"

他心头一震,就问:"什么原因?"

史密斯先生说:"你们的发动机太热,我不能将手放在上面。"

艾力逊知道如果跟他争辩,不会有任何好处的,过去就有这样的情形——现在,他想运用如何让他说出"是"的办法。

他向史密斯先生说:"你所说的我完全同意。如果那发动机发热过高,我希望你就别买了。你当然不希望它的温度超出电工协会所定的标准,是不是?"

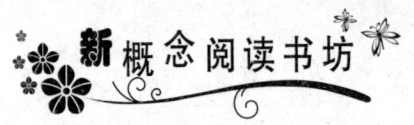

艾力逊获得了第一个"是"字。

艾力逊又说:"电工协会规定,一台标准的发动机可以较室内温度高出华氏 72 度,是不是?"

史密斯先生说:"是的,可是你的发动机却比这温度高。"

艾力逊没和他争辩,只问:"工厂温度是多少?"

史密斯先生想了想,说:"大约华氏 75 度左右。"

艾力逊说:"这就是了——工厂温度 75 度,再加上应有的 72 度,一共是 147 度。如果你把手放进 147 度的热水里,是不是会把手烫伤?"

史密斯先生还是说"是"。

艾力逊接着说:"史密斯先生,你别用手碰那台发动机,那不就行了!"

史密斯先生接受了这个建议。谈了一阵后,史密斯先生把秘书叫来,为下个月订了差不多 3 万元的货物。

艾力逊费了多年时间,损失了数万元的买卖,最后才知道,争辩并不是一个聪明的办法。要从对方的观点去看事,设法让别人回答"是",那才是成功的办法。

 **我要对你说**

与其浪费时间等待、观望,不如付出行动、努力去争取。只有这样,我们才会接近成功。因为成功是从来不会主动送上门的,它需要你想尽办法,倾尽全力地追寻。

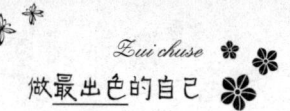

信 赖

蒋光宇

心理学教授恩科带领一群学生做过这样一个关于信赖的实验:

他首先让学生们面朝他站成两排横队,然后命令后一排的同学做好救助准备,待他喊了"开始"之后,前一排的同学就往后一排位置相对应的同学身上倒。

等同学们准备好了之后,他郑重地发出指令:"前面的同学别有顾虑,要尽力往后倒!好,开始!"

几乎是所有的前排同学都嘻嘻哈哈地一边笑着,一边按照恩科教授的指令,身子一点一点地向后倾斜。但是,大家明显地暗自掌握着自己身体的平衡,并不肯把好端端的自我撂倒在后排那个同学的身上;后排的同学本来已经拉开了架势,预备扮演一回救人的英雄角色,但是,由于前面倒过来的身体重量并不够重,也只好扫兴地用手轻触了一下前排搭档的衣服就算了事。

可是,在前排的同学当中有一位例外——一位男生在听到恩科教授发出的指令之后,紧紧地闭上了双眼,十分彻底地向后面倒去。这位膀大腰圆的男生的搭档,竟是一位小巧玲珑的女生。当这位女生看到这位男生毫不掺假地倒过来时,先是微微一怔,随即奋不顾身地去抱住他。看得出,她有些力不从心,但却倔犟地咬着唇,竭尽全力地将他撑起……这位女生成功了!

135

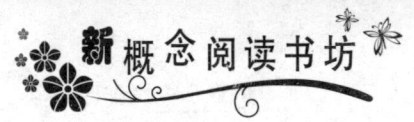

恩科教授笑着举起这对搭档的手，高兴地说："他们两个是这次实验中表现最为出色的人。"

接着，他用总结性的语言告诉大家：

"这位男生为大家表演的是'有所信赖'——有所信赖是什么呢？有所信赖就是真心实意、没有一丝一毫的猜疑和顾忌，连眼睛都让它暂时歇息，百分之百地交出自己。

"这位女生为大家表演的则是'值得信赖'——值得信赖是什么呢？值得信赖是有所信赖吹开的一朵花。

"如果有所信赖的春风吝啬于吹送，那么，值得信赖这朵花就有可能遗憾地夭折于花苞之时，永远也休想获取绽放的权利。当然，如果有所信赖的春风吹得温柔，吹得和煦，那么，值得信赖的花就像被注入了一种神奇的力量——就像你们看到的那样，一个弱不禁风的女生竟可以扶起一个虎背熊腰的男生，一双充满了爱意的手可以托举起一个美丽多彩的世界。

"同学们，值得信赖的人是高尚的，有所信赖的人是幸福的。每个人，首先要争做值得信赖的高尚的人，然后还要争做有所信赖的幸福的人。"

信赖是托起美丽世界的力量，它像春风一样，吹到哪里，哪里就会变得温暖。真心实意，没有一丝一毫的猜疑和顾忌是信赖的集中体现，相信我们每个人都会以此高尚的情怀去幸福地生活。

勇于信任

怀 特

我 8 岁的时候，有一次去看马戏，见那些在空中飞来飞去的人抓住对方送过来的秋千，百无一失，我佩服极了。"他们不害怕吗？"我问母亲。

前面有一个人转过头来，轻轻地说："宝宝，他们不害怕，他们晓得对方靠得住。"

有人低声告诉我："他从前是走钢索的。"

我每逢想到信任别人这件事，就回想到那些在空中飞的人彼此都必须照顾对方的安全。

我又想到，他们虽然勇敢，并且训练有素，要是没有信任别人的

心，绝演不出那么惊人的节目。

平常生活也是如此。人活在世上需要信任别人，犹如需要空气和水。我们如果不信任别人，对人便无法诚恳。我们如果戴了假面具不能对人坦白，会有多么拘束难受！一天到晚都提防别人，会害得我们脑筋瘫痪。要想受人爱戴，就得先信任人。"有了信任才有爱，"心理分析专家弗罗姆说，"不常信任别人的人，也就不常爱人。"

另一方面，如果和信任我们的人相处，我们会放心自在。心理学家欧弗斯屈说："我们不但可以卫护别人，而且在许多方面也影响别人。"信任或防范，能铸就别人的性格。

纽约州星星监狱前监狱长的太太凯瑟琳·劳斯，差不多每天都到监狱里去。犯人活动的时候，她的孩子往往和他们一起玩，她也和犯人一同观望。人家叫她提防，她说她并不担心。

因为她对犯人这样信任，她去世的消息立即传遍了监狱。犯人都尽量聚集在大门口。看守长看见那些犯人默默不语难过的样子，便把狱门敞开。从早到晚，这些人排队到停放遗体的地方去行礼。他们的四周并无墙壁，但是，犯人也没有一个辜负狱方好意，他们都仍旧回到监狱里。这无非是犯人对这位太太表示的敬爱，因为她在世时曾经信任他们。

人与人处得融洽，全靠信任。老师要是能使堕落的学生相信他对他们只怀好意，那么，他的教育差不多就成功了。精神病学专家要费大部分时间劝神经错乱的病人信任他们，才能够动手治疗。人对人必须怀着好感，彼此信任，个人的日子才不致于过得一团糟。

我们为什么这样难以互相

信任呢？主要原因是我们害怕。在飞机上或火车上往往有这种情形：两个人虽然并排而坐，却都怕开口。看他们那种矜持的样子，多么难受！宗教大师赖布曼说："我们怕别人轻蔑我们，拒我们于千里之外，或者揭掉我们的假面具。"

信任别人的人，日常待人接物多么与众不同！有一次，我听见一个人形容他所认识的一个女人："她见到人便伸出两只手来迎接，仿佛是说：'我多么相信你，单单同你在一起，我就觉得非常高兴了。'而你离开她的时候，也会感觉到自己想做什么事都能成功。"

我们童年时代忘不了的往事，常常会使我们处处提防别人。例如我认识一个人，是某公司的总经理，他就没有多少朋友。他7岁丧母，由姑母把他抚养成人。姑母一番好意地对他说："母亲出去看朋友了。"他白白盼望了好几个星期。这种隐瞒虽然出于善意，可是为了这件事，他长大以后再也不相信别人的话了。

要增进彼此的信任，我们首先必须有自信。美国诗人弗洛斯特说："我最害怕的，莫过于吓破胆子的人。"事实上，自觉不如人和能力不够的人，是不能信任别人的。不过，自信并不就是以为自己毫无缺点。我们必须相信自己的地方也就是必须相信别人的地方。那就是：相信自己确实在尽自己的能力和本分做事，不管有没有什么成就。

其次，信任必须脚踏实地。我认识一个人，她有一次痛心地说："信任别人很危险，你可能受人愚弄。"假使她的意思是说，天下总有骗子，那么这句话是有道理的。信任不可建筑在幻觉上。不懂事的人不会一下子就变得懂事。你明明知道某人喜欢饶舌，就不应该把秘密告诉他。世界并不是一个毫无危险的运动场，场上的人也不是个个心怀善意。我们应该面对这个事实。

真正的信任并不是天真地轻信。

最后，对别人信任需要有孤注一掷的精神。赌注是爱，是时间，是金钱，有时候甚至是性命。这种赌博并不一定常赢。但是，意大利政治家贾孚说："肯相信别人的人，比不肯相信别人的人差错少。"

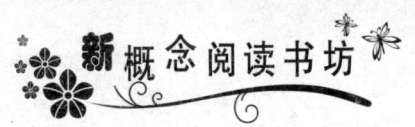

不信任人，不能成大业。一个人要是不信任人，也不能成为伟人。美国思想家和诗人爱默生说："你信任人，人才对你忠实。以伟人的风度待人，人才能表现出伟人的风度。"

我要对你说

人真正的善良并不只是慈悲，还应该体现在他对人性的始终充满的信心上。一个人，只有自己心里充满阳光，他才能照亮别人，所以请在感受到爱和温暖的同时，不要辜负别人的信任，也不要辜负自己。

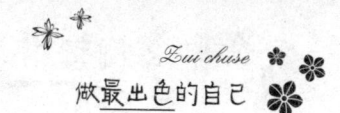

习惯塑造人生

［比利时］莫里斯·梅特林克　吴群芳　译

一个清晨,我坐在老式火车的卧铺中,大约有6个男士正挤在洗手间里刮胡子。经过了一夜的疲困,次日清晨通常会有不少人在这个狭窄的地方做一番梳洗。此时的人们多半神情漠然,彼此也不交谈。

就在此刻,突然有一个面带微笑的男人走了进来,他愉快地向大家道早安,但是却没有人理会他的招呼,或只是在嘴巴上虚应一番罢了。之后,当他准备刮胡子时,竟然自若地哼起歌来,神情显得十分愉快。

可他的这番举止令某人感到极度不悦,于是这人冷冷地、用带着讽刺的口吻对着这个男人问道:"喂!你好像很得意的样子,怎么回事儿呢?"

"是的,你说得没错。"男人如此回答着,"正如你所说的,我是很得意,我真的觉得很愉快。"然后,他又说道:"我是把使自己觉得幸福这件事当成一种习惯罢了。"

养成幸福的习惯,主要是凭借思考的力量。首先,你必须拟订一份有关幸福想法的清单,然后,每天不停地思考这些想法,其间若有

不幸的想法进入你的心中,你得立即停止,设法将其摒除掉,并以幸福的想法取而代之。此外,在每天早晨下床之前,不妨先在床上舒畅地想着,然后静静地把有关幸福的一切想法在脑海中重复思考一遍,同时在脑中描绘出一幅今天可能会遇到的幸福蓝图。如此一来,不论你面临什么事,这种想法都将对你产生积极的效用,帮助你面对任何事,甚至能够将困难与不幸转为幸福。相反地,倘若你一再对自己说:"事情不会进行得顺利的。"那么,你便是在制造自己的不幸,而所有关于"不幸"的形成因素,不论大小都将围绕着你。

　　以前,我曾认识一位不幸的人。他每天总是在吃早餐时对他太太说:"今天看来又是不愉快的一天。"虽然他的本意并非如此,充其量只不过是一句遁词而已,他的口中尽管这么念着,实际上在心中却也期待着会有好运来临。然而,一切情况都糟透了。其实,会有这种情况发生实在不值得惊讶,因为心中若预存不幸的想法,事情都将变成不利的情况。因此在一天的开始即心存美好的期盼,是件相当重要的事。如此,许多事物才可能有美好的发展。

　　习惯如同生命的雕塑家,它可以把幸福刻画得美轮美奂,也可以把不幸刻画得浑然天成。因此,我们应重视习惯的力量,使其为己所用,这样才能让幸福常伴,让美丽常存。

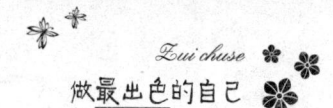

发现视线之外的自己

查一路

做一个明辨是非、内心亮堂的人，除了不断地去发现世界，还要不断地发现视线之外的自己。

父亲在世时，希望我诚实做人。而我在儿时却爱耍小聪明。每每自以为得意时，后脑勺却被赏来一栗凿。父亲说："你小子再聪明，还能看清自己的后脑勺？"我不服气，白眼斜翻，几乎脱出眼眶，终究无济于事。

后脑勺长在自己的身体上，是身体的一个部分。人活一世，于世间事物深究细研，于学术专业洞幽察微，于浮华名利鹰视狼顾。宏观的，能通过望远镜看到博大的宇宙和浩瀚的星系，"巡天遥看一千河"；微观的，借助显微镜，分子原子离子纤毫毕显，直至纳米技术显神通。可以说，目光所及，无所不至，无所不能。可是，到了自身这一块——看清自己，人却显得无可奈何也无能为力了。

性格成分里总有那么一小块被遮蔽的方寸之地，往往让人终其一生也无法洞见。春秋时期，齐宣王喜爱炫耀武功。朝会时，在朝臣面前鼓着胸大肌表演拉弓射箭。朝臣借机溜须拍马，说拉开那样的大弓需要九石的力气，齐宣王扬扬得意以为然。其实，大家心知肚明，那也就三石的小力气。只有三石力气的齐宣王到死都不明白，自己绵软如鸡爪的手臂拉开的是只需三石力气就可以拉开的小弓，还误以为自己是

超级大力士呢。

美国第二任总统本杰明·富兰克林，年轻时也曾为看不清自己的"后脑勺"而苦恼。年轻气盛的本杰明·富兰克林曾经自以为是，不断地与人发生争执，不断地失去一些朋友。有一天，他终于意识到自己虽然才华横溢，却成了孤家寡人。当然，他自己不明就里，就请来过去的朋友，让大家帮他找出弱点。然后，他把自己性格中的缺陷一一罗列出来，开出一张清单。每次他发现自己已经改掉了一个坏毛病的时候，他就把这个毛病从清单上划掉。直到清单上所有的坏毛病都被划掉为止。他成了全美国人格最完美的人之一，每个人都尊敬他，崇拜他。当殖民地需要法国的帮助时，他们将富兰克林派到法国去。法国人是那样地喜欢富兰克林，除了满足他一切所需，还爱屋及乌地喜欢上了美国人。他的人格魅力为美国赢得了有力的战争外援。

其实，伟人也很难看清自己的"后脑勺"，只不过他"善假于物"，借助别人的眼光来看清自己，别人的眼睛是一面面镜子，通过几面镜子的折射，就能看清视线之外的事物。对于世间万象、大千世界，普通的人即使没有能力去改变它，也要努力去看清它。做一个明辨是非、内心亮堂的人，除了不断地去发现世界，还要不断地发现自己。

对于别人的缺点，我们往往可以看得分明，可对于自己的，却总留有那么一块阴暗的角落。那是借助别人的力量才看得分明的死角，洞悉那一处，人生才会换来一片清明。

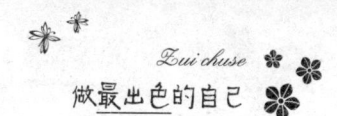

不必苛求完美

余成科

你是否在为儿时的一只折断翅膀的蝴蝶标本而惋惜？你是否还在为无意间错失的一个机会而懊悔？你是否还在为一次离别而叹息？其实，生活中没有完美的事情，这样才注定着我们需要努力和懂得辩证的快乐。

不必苛求完美，因为完美是一种负累。完美没有极致，也没有标准，只会随着追求者的心境而永远无法企及。向往完美是给精神套上枷锁、压上包袱，便忘却了身边本身就存在的快乐与真实。"知足者常乐"，是一种洒脱，把一切的烦恼与逆境都看做烟云，会在一笑间消逝，这就是生活的另一种美：没有刻意的要求，也没有瑕疵的失落，一切事物都还原到真实。于是完美的并不是事物，只是愉悦的心境。

不必苛求完美，因为完美不符合规律。花开虽艳却尽早要败，燕舞虽美却秋来南飞，完美的生活只会让生命失去色泽，失去社会的真实，失去意气风发的自我。完美的事物，

也没有太大的价值，美国的科技非常发达，于是创造了许多近乎完美的产品，但在日本人注重有效与真实的衡量标准下，美国的产品便只能作为高科技应用技术放在展览馆陈列，而日本的傻瓜照相机、傻瓜家用电器却能大行其道，畅销全球，这是简单对完美的讽刺，也是完美的不适应症。

　　不必苛求完美，因为完美破坏了真实与梦想。失去了手臂的维纳斯、断砖残垣的古长城、白璧微瑕的透玉都是美的，这种美真实、可靠、和谐，令人心动，构成了因残缺而彰显的非凡。而超脱美之后的完美是想象与梦想的杀手，遏制了创造的欲望与光芒，让一切的努力在半道因为没有完美的标准与寄托而迷茫、放弃，它破坏了人的本性追求，从而使人追求失败后颓废，追求成功后沉沦。

　　生活只需要简单与真实美，而不是全面而无可挑剔的完美，前者令人淡泊与平静、愉悦与轻松、向往与奋进；而后者，过程是一种疲惫与压抑，结果是空虚与无所适从。所以，在生活的每一刻与对待每一个人、每一件事物时，保持一些不苛求完美的心境吧，只要你还拥有着大半的美与快乐，你就已经是幸福的了。

　　生命之中不可能事事完美，时时平坦。有时面对人生之中不可避免的风雨、无法回避的困难时，可以试着放宽心态，微笑处置，也许会从中发现一抹不同寻常的色彩。

帮人就是救你自己

呙 亮

大四下学期，一个星期六上午，室友张强激动地跑回来说："刘亮，有一家北京的单位来我们学校招人了，地点就在行政大楼。"我从床上爬起来，简单准备了一下，就去了。负责招聘的李总在收简历的过程中，问我："你们的作息时间怎么安排？"我告诉他："中午12时30分午休，下午2时开始学习。"

李总收集完资料，告知大家：12时通知面试名单，下午1时30分面试。

中午我吃完饭，就倒头大睡了。

睡梦中我被摇醒，睁眼一看，又是张强："陕去，你进人面试名单了。"

"你们呢？"

"就你一个人上了，快去。"

原来，张强和班上的几位女生一直守在行政大楼门口，眼巴巴地等着面试名单出来，最后，看到只有我一个人的名字，他们才回来。

我赶到面试办公室时，看到里面已经坐了十来个人。墙角放着一块小黑板，上面写着面试名单。为稳妥起见，我偷偷瞟了一眼，发现张强还有班上三位男生的名字也在名单之列。难道他们看错了？

我抬头看看墙上的挂钟，时间已经是 13 时 25 分了。刚才走得太急，我把手机忘在宿舍了！

回去叫他们来参加面试，我可能会错过面试时间；如果不叫，我会很不安，更何况，我能来面试还是张强第一个通知我的。这可是一辈子的大事啊！

正在犹豫间，李总说："面试开始吧。"

此刻，我打定了主意，便鼓起勇气站起来："对不起，我必须回去一趟。我的同学也在名单上面，他们还不知道，我必须赶回去把他们叫来。"

李总盯着我看了一会儿，默许了。

我以百米冲刺的速度跑回宿舍，把张强从床上拖下来，同时，给另外几个男生打了电话。

当我喘着粗气，拉着一群睡眼惺忪的同学赶到办公室的时候，其他人都已经快面试完了。李总让我们各写一篇文章，再轮流作自我介绍。

从办公室出来后，大家互相打听试题的内容，题目居然一模一样——你是怎么知道自己通过了初试？

我的答案是"同学张强告诉我的"，同学们的答案全都是"同学刘亮通知我的"。

最后，仅我们班上 5 名同学被录用。我被分在人力资源部。

后来，我问起李总当时面试的事，为什么只录取我们班的 5 人，其他人都没被录取呢？

李总告诉我:"我收简历时,同一个班最少收两份简历。你们班专业对口,收得多一点。

我故意把你的名字第一个写出来,你的同学看到你的名字后,以为自己没希望了,走得有点早。你能冒牺牲自己机会的风险,回去通知同学,我相信你适合做人事工作。因为这个岗位意味着付出和责任。"

李总接着说:"公布其他班上学生的面试名单时,如果是一个班上的,我同样间隔十多分钟。名单上先写到的人都是直接进办公室,等待面试。除了你们班,大家都是自己看自己的,不会再关心名单上是否有同班同学,即便看到有,也不会通知。透过他们,我看不到团队合作精神。这不是我们公司所需要的素质。"

说实话,当时我只是担心不通知同学,会让他们错失一次机会,而我则会良心不安。没想到,我看似帮了同学,其实也是"救"了自己。

我要对你说

每一次,当你向别人伸出援手时,自己的心灵也在经受着一次圣洁的洗礼。而当助人成为一种习惯、上升为一种本能时,你也便得到了世上最丰厚的回报——高贵的心灵。

只做自己认为美丽的事

冯雁军

美籍华人建筑大师贝聿铭一生坚持的原则是——只做自己认为美丽的事情。

17岁时,他到美国求学,尚未获得硕士学位时,就被哈佛聘为讲师。31岁时,他作出令人惊讶的选择,离开哈佛去一家房地产公司,理由是觉得学校的事业不美丽,希望学点新东西。

跳槽后,公司的负责人对他十分信任,放手让他工作。在纽约,他创造性地用水泥墙代替了砖块墙,采用舷窗式的窗户来扩大屋子的空间,改善采光,在楼与楼之间留出空地作为公园,这成为影响全世界住宅区建设的新模式。正在事业如日中天的时候,他再次作出选择,自己带着一支队伍闯天下。

64岁时,他被法国总统邀请去重建卢浮宫,并为卢浮宫设计了一座全新的金字塔。法国人非常不满,认为他毁了"法国美人"的容颜。但他相信自己,坚信玻璃金字塔是美丽的。最后确实获得了巨大成功。

86岁这年,他把自己的

"封刀之作"选在故乡苏州，用全新的材料，在苏州三个古典园林——拙政园、狮子林和忠王府旁边修建一座现代化的博物馆。方案一出台，又引起各界争议。但随着工程的即将竣工，人们则赞不绝口。

他的一生，设计了无数的建筑作品。每一次设计，都是人生道路上的一次新的选择和超越。选择的理由和超越的目标，都是为了追求更美。他敢于选择，敢于放弃，善于从历史中汲取营养，向传统挑战，互为借鉴，互为融合。决定了的事情，就以坚定的信心走下去。探索的路上，哪怕风雨再大，亦如竹子那样，最多是弯弯腰而已，不折不挠，朝着美丽前行。

因为一生追求美丽，所以以美为目标，以美为人生价值，以美为生活取向，始终怀着一颗美丽的心灵，保持一份美丽的心情，拥有一个美丽的心态，把人生的所有理想，都化作了一腔美丽的热血，时时事事为美丽而奋斗着。因而，他的一生无时不在追求美、发现美、创造美、表现美、展示美。大手笔最终写出美丽的人生。

我要对你说

每个人都在人生的道路上寻求美丽，可贵的是，一些人在同伴放弃的同时选择了坚持，即便有挫折有荆棘也依然会坚持不懈，只做自己认为美丽的事情。只有具备这种精神品格的人，他的人生才会得到一次次地升华……

敬　启

　　本书的编选参阅了一些报刊和著作，由于多种原因我们未能与部分入选文章作者（或译者）取得联系，在此深表歉意。敬请原作者（或译者）见到本书后，及时与我们联系，我们将按国家有关规定支付稿酬并赠送样书。

联系方式
联 系 人：杨老师
电　　话：18600609599

编委会